JN017165

ひと目で　問題の意味が分かる
ひと目で　問題を解きたくなる

——それが　この本で　やりたいこと

問 1

ナットは全部で何個あるか。

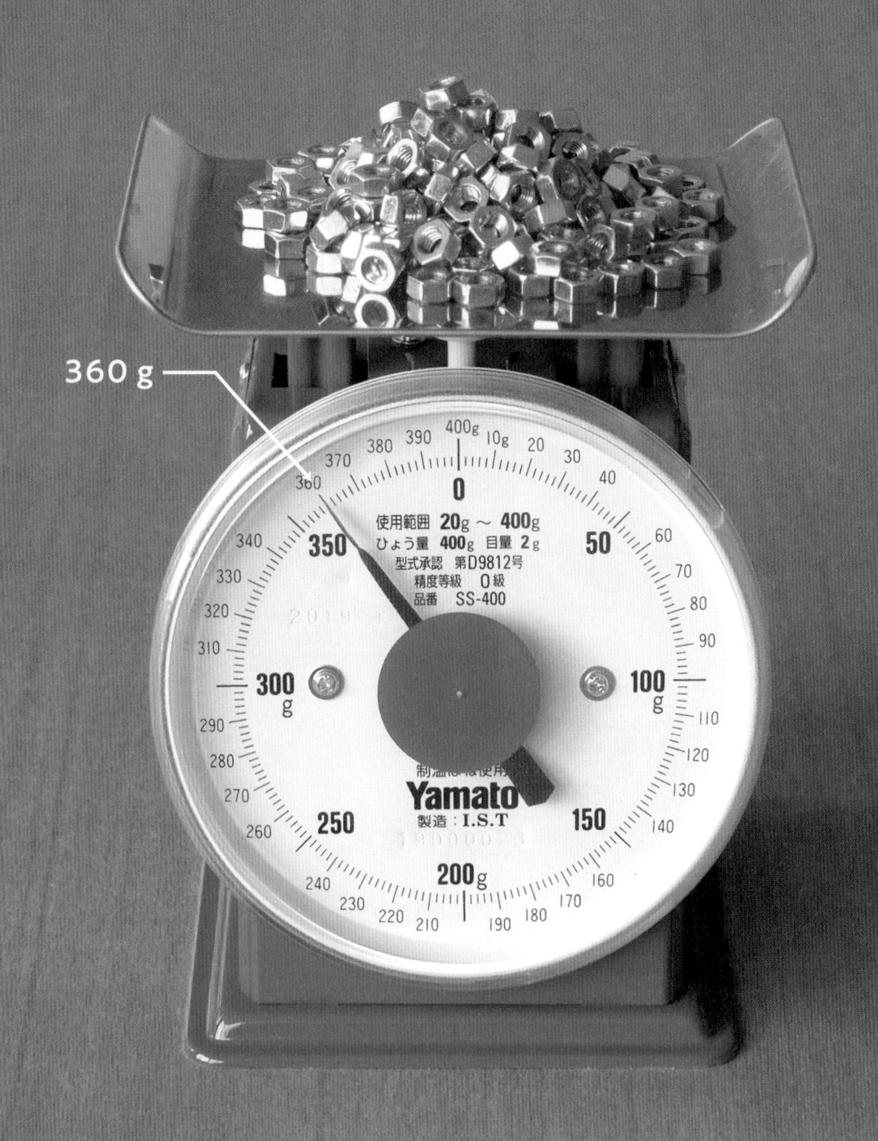

少し考えてから
ページを
めくってください

考え方

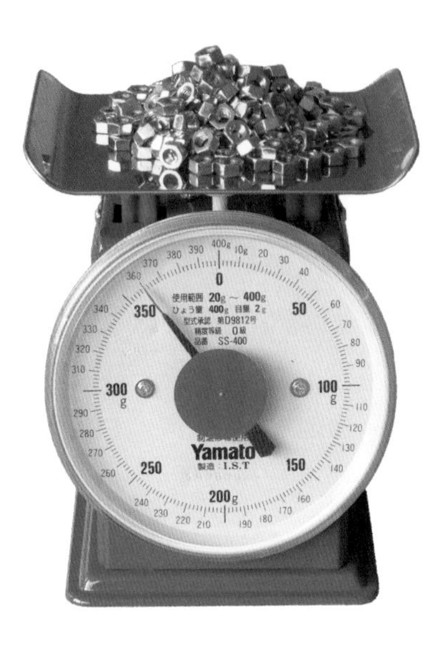

ー

360g

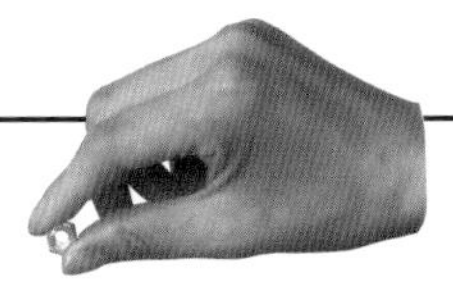

357g　＝　3g

はじめの重さ360 gを
ナット1つの重さ3gで割ると
ナットの個数が分かる。

$$360\,\mathrm{g} \div 3\,\mathrm{g} = 120$$

答え　120個

問 2

3つの正方形のチョコレートがあります。
3つとも、厚さは同じです。
大きな1つか、小さな2つがもらえます。

どっちをもらうのが　得でしょうか？

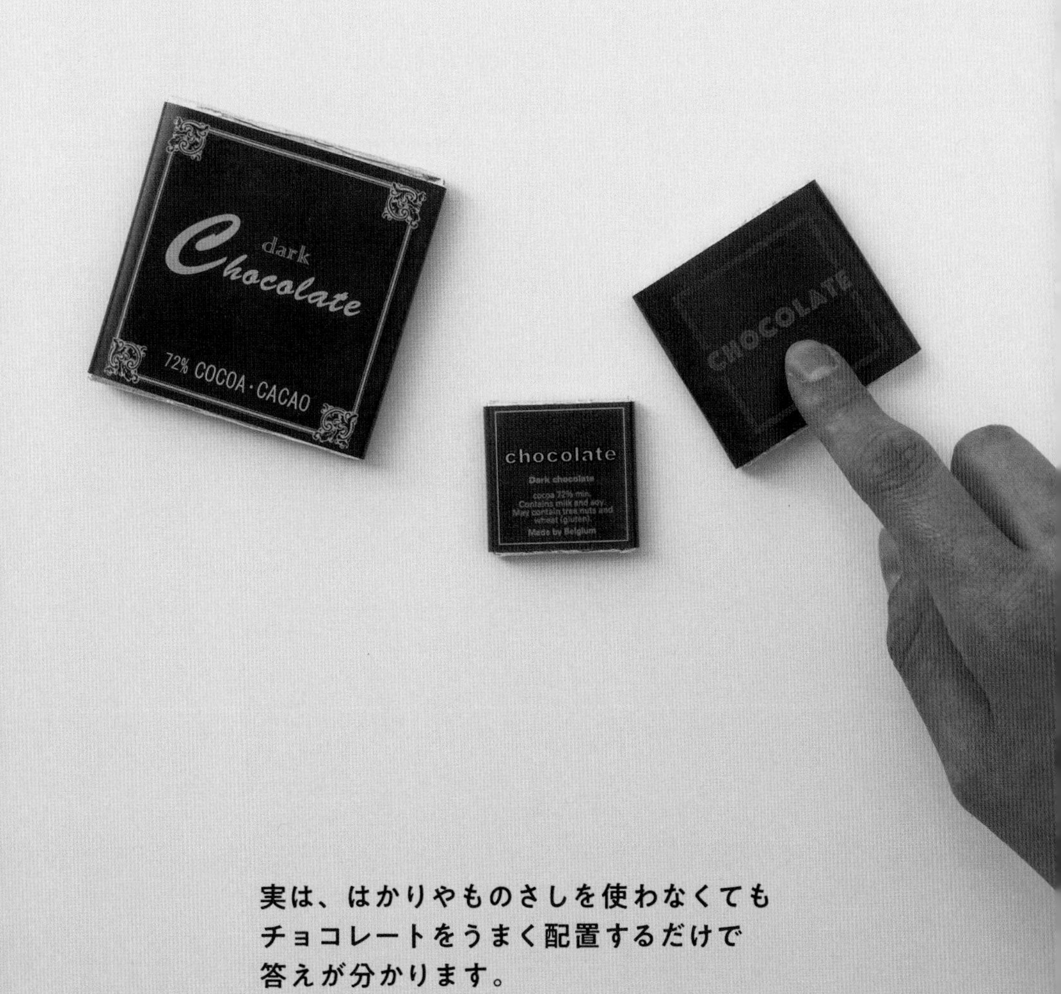

実は、はかりやものさしを使わなくても
チョコレートをうまく配置するだけで
答えが分かります。

difficult

考え方

ピタゴラスの定理を使います。

もし 大きなチョコレートと 小さな2つの
チョコレートを足した面積が同じなら

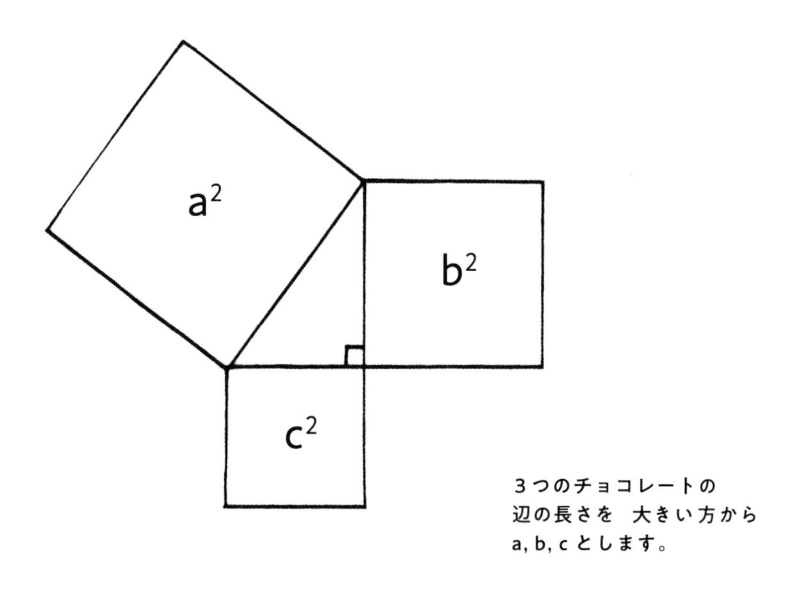

3つのチョコレートの
辺の長さを 大きい方から
a, b, c とします。

こうなります。
なぜなら ピタゴラスの定理により
$a^2 = b^2 + c^2$ だから。

実際に 3 つのチョコレートの辺を
直角三角形を作るように配置すると、

どうやら、大きなチョコレートを
1 つもらう方が得のようです。

答え　大きな 1 つ

問 3

ここは波止場。
1本の杭に 2艘の船が ロープをつないでいる。
左の船が先に出航するためには どうすればよいか。
ただし、右のロープは外さない。

考え方

頭の中で動かしてみる。

1本の杭に　つながれた　2本のロープ

ロープの動きがよく見えるように
モデルを作りました。

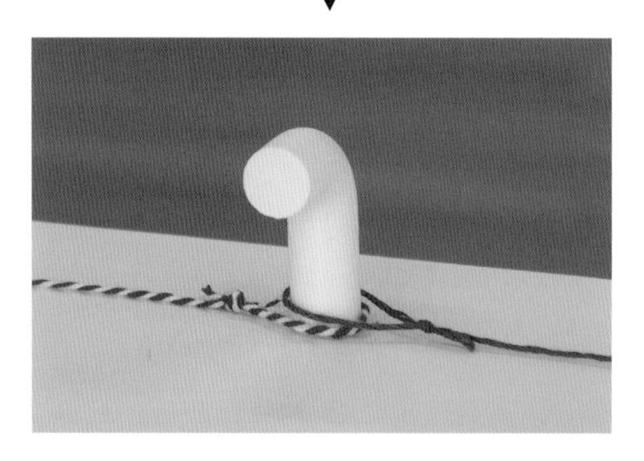

これでロープを動かしてみましょう。

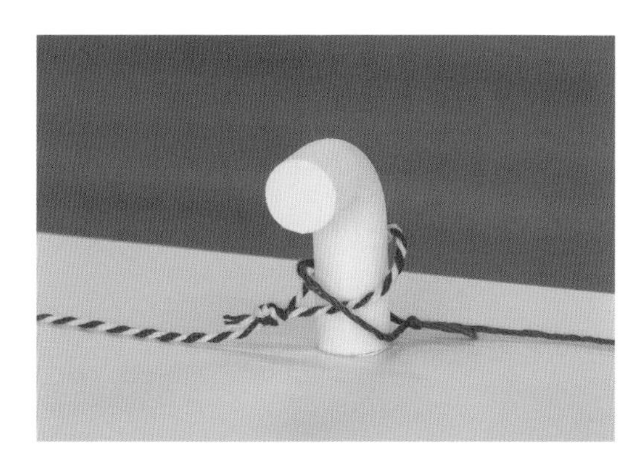

こうして、

こうして、

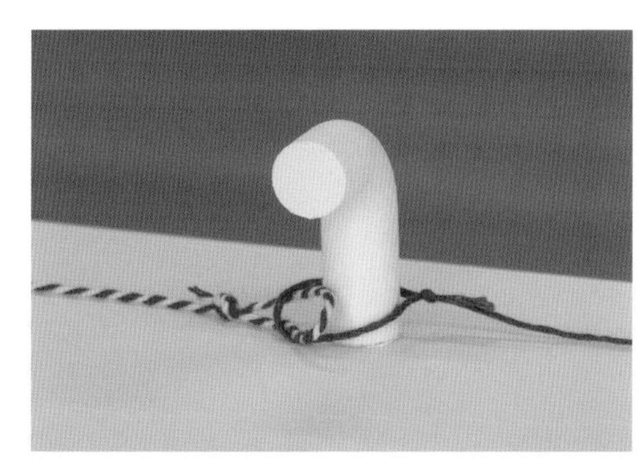

こうやって、

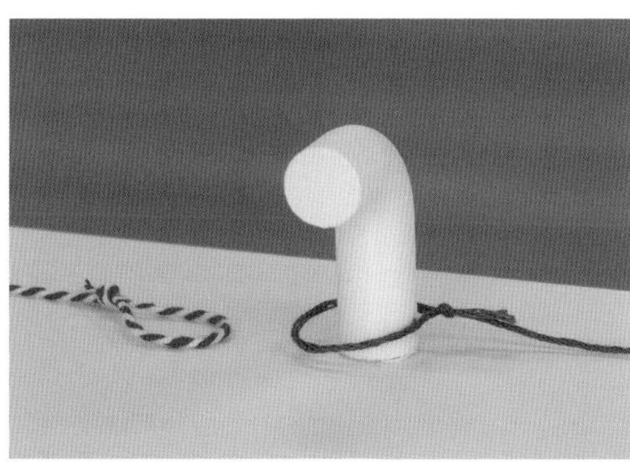

こう。

右のロープを　外さなくても、
ちゃんと抜けました。

左ページの
波止場の写真を見ながら
頭の中で、ロープを
外してみてください。
見事できるはずです。

解きたくなる数学

佐藤雅彦　大島 遼　廣瀬隼也

岩波書店

目次

難易度メーター

すぐ分かる

ちょっと考えれば分かる

10 分ねばろう

30 分ねばろう

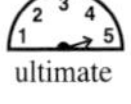

1 時間かかるかも

解けたらすごい

各問についています
解くときの
目安にしてください

第１章

驚くなかれ
ここと　ここは　同じ大きさ

同じ面積

バスの窓を少しだけ開けました。
開いた部分Sの面積を求めなさい。

ただし、窓の高さを80 cm、開けた幅を7 cmとします。

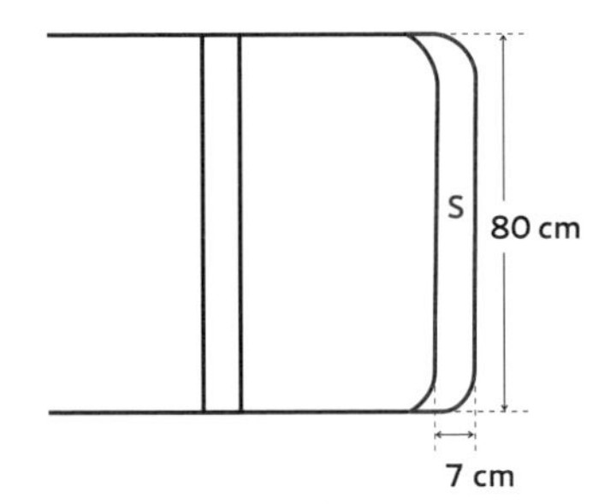

S

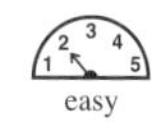
1 2 3 4 5
easy

考え方

求めるものは
別のところにも出現している。

窓が開いて領域 S が現れると、
同時に、窓ガラスが重なる領域 S′が生まれます。

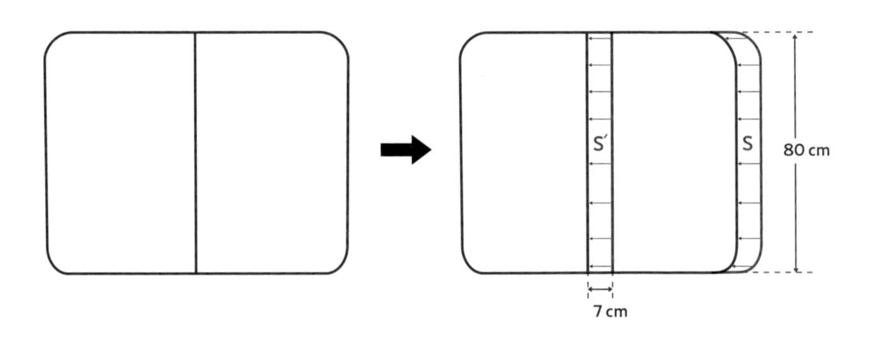

窓の開いた領域 S の面積は、
窓ガラスの重なる領域 S′の面積に等しいので、
560 cm^2 となります。

答え　560 cm^2

S´
S

お母さんのチーズ分割法

佐藤家は、お父さんとお母さんと
双子の兄弟の４人家族。兄弟は今、小学４年生です。
お母さんは、２人に対して なんでも平等に与えてきました。
そうしないと、すぐけんかになってしまうからです。

ある日、お父さんが会社帰りにデパ地下に寄って
一家みんなが大好きな
チーズを買ってきました。

松屋銀座デパート
食品売り場にて

厚みは２cmくらいのナチュラルチーズです。
上から見ると、台形でした。
左右の辺の長さは、
どうやら同じではなさそうです。

お母さんは、兄弟に
同じ量のチーズを食べさせたいと思い、
写真のように、ナイフを入れることにしました。

下の大きい三角形は、お父さん。
上の小さい三角形は、自分がとることにして、
兄弟には、左右の三角形をあげることにしました。

ところが、兄弟は
左右では大きさが違うと言って承知しません。

さて、みなさん。お母さんの切り方が正しいことを
証明していただけないでしょうか。

考え方

まずは見つけやすいところから、同じ面積を見つけます。

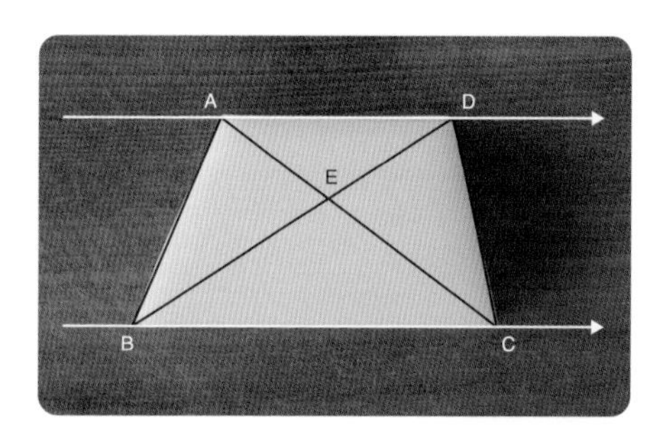

台形の上底と下底は平行。

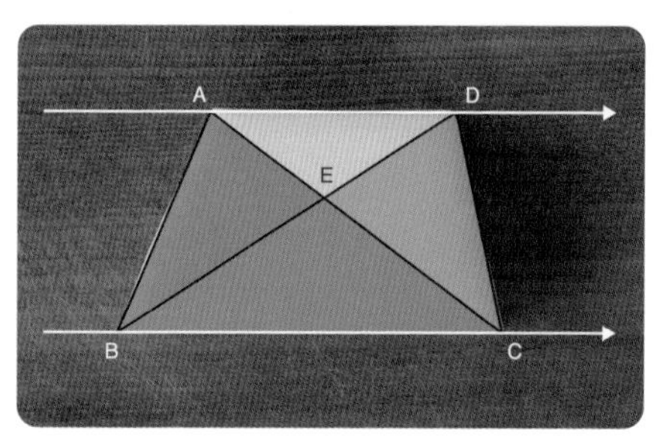

ということは、
▲ABC と▲DBC の高さは同じ。

つまり、同じ面積。

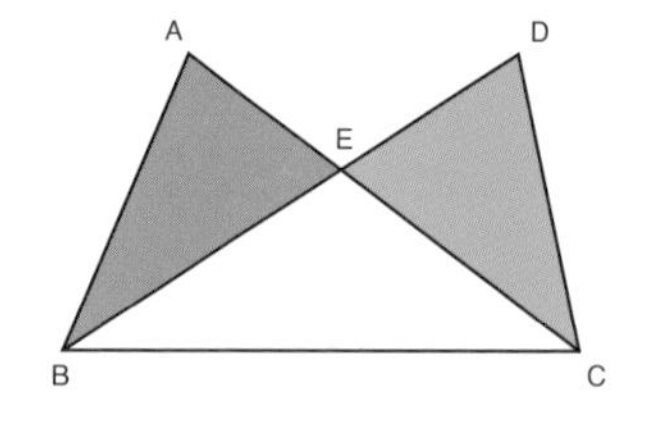

同じ面積から共通の△EBC を除いたものは、当然　同じ面積。

よって、この双子の兄弟が食べるチーズの量は同じ。
お母さんの正しさが証明されました。

1886
Whittard

第２章

変わらないものに注目すると「ある真実」が見えてくる

不変量の問題

問 6　6人の子供と6個の枠

６人の子供が四角い枠の中に立っています。

先生が１回笛を吹くたびに
子供たちは、１つ左か右の枠に移動します。

このあと何回目かの笛が鳴ったときに

1つの枠の中に4人以上の子供がいることは

ありうるでしょうか。

考え方

枠を交互に色分けします。

難しい言葉だと
「二値化する」と言います。

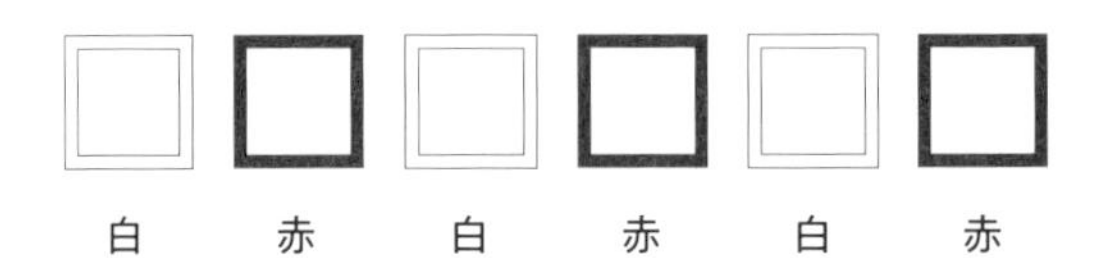

すると、最初は 白に３人 赤に３人います。

笛が鳴ると、

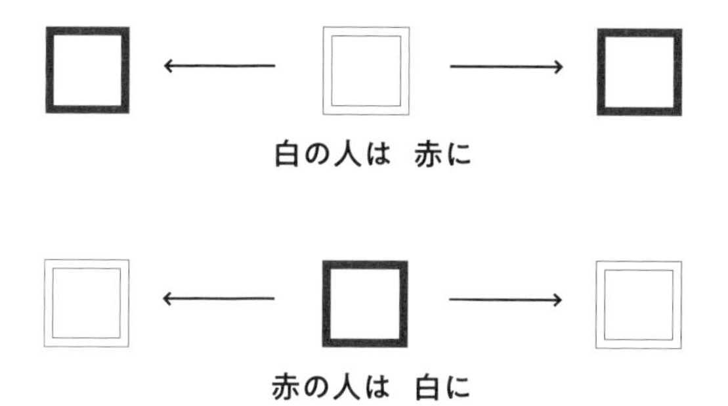

つまり 白に３人、赤に３人という状態は
いつまでも変わりません。

よって、１つの枠に ４人がいることはありえません。

上の「白の枠に３人、赤の枠に３人」のように
操作の前後で、常に変わらない量のことを 不変量 といい、
これに注目すると、解きやすくなる問題があります。

Invariant

問 7　黒板の0と1

教室の黒板に「0」が6個と「1」が5個、書いてあります。

ここから、数字を2つ選んで消し、新たに1つ書き足します。
このとき、

- 消した2つが同じ数字なら「0」を1つ書き足す
- 消した2つが違う数字なら「1」を1つ書き足す

こととします。

さて、この手順を10回繰り返します。
すると、最後に1つだけ数字が残ります。
その数字を当てられますか。

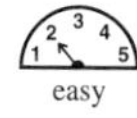

問 7　解説

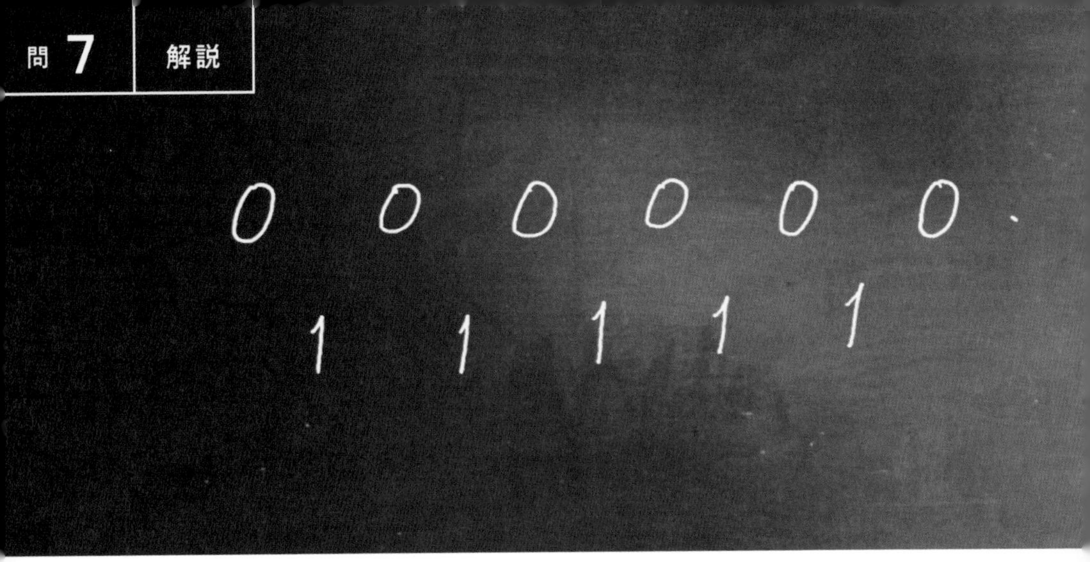

0 0 0 0 0 0

1 1 1 1 1

考え方

変化のパターンを整理して、操作で変わらない量を見つけます。

1回の操作で、黒板の数字はどう変化するでしょうか。

Ⓐ 0を2つ消したときは0を1つ足す ⟶ ここで 数字の和に注目すると、変化は ±0

Ⓑ 1を2つ消したときは0を1つ足す ⟶ 数字の和の変化は −2

Ⓒ 0と1を1つずつ消したときは1を足す ⟶ 数字の和の変化は ±0

どの場合も、数字の和の変化は偶数です。

一番最初の数字の和は5、つまり奇数です。

奇数は、偶数をいくら足し引きしても
奇数であることに変わりありません。

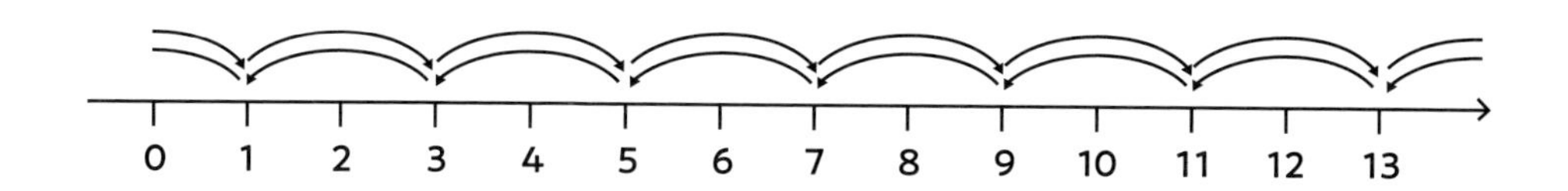

よって、最後に残るのも奇数、
つまり1となります。

答え　1

黒板の数字は
操作ごとに変わるし、
もちろんその和も変わるけど、
別のところに　変わらない
ものがあったんだね。

サトウ

そうですね、その和が
偶数か奇数かということが
不変だったんですね。

オオシマ

問 8　5つの紙コップ

コップが 5 個、上向きに並んでいます。

これを 1 回に 2 個ずつひっくり返していき、
最終的に全部のコップを下向きにすることは
できるでしょうか。

最初、上向きのコップは5個あります。
これを最終的に0個にできるかという問題です。

考え方

2個ずつコップを　操作していっても、
不変なものがあります。

1回の操作で 2個ひっくり返すので、
上向きのコップの数の増減を考えると
次の3パターンしかありません。

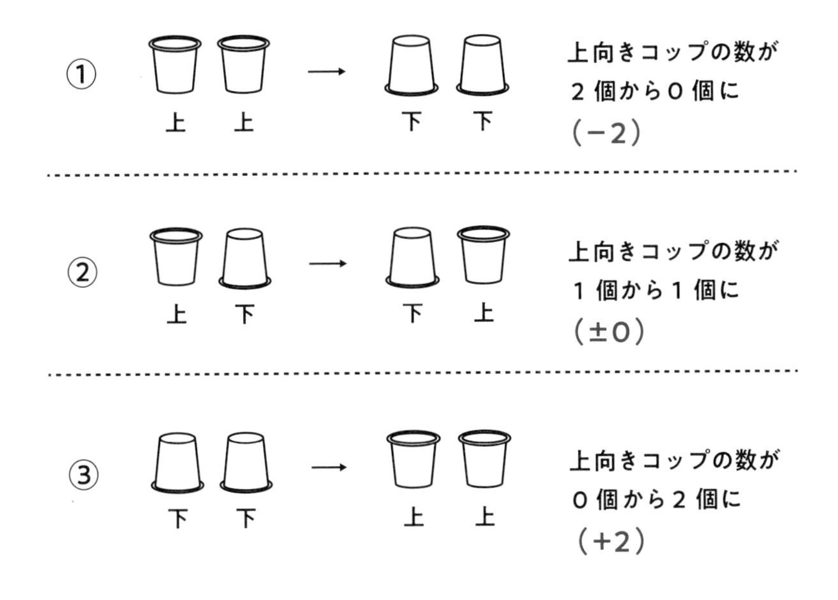

よく見ると、どの操作の場合も
0個か ±2 個、つまり偶数個の増減になっています。

上向きコップの数は、最初5個、つまり奇数なので
何回この操作を繰り返しても、
奇数であることは　変わりません。
よって、偶数である0個に行きつくことはありません。

答え できない

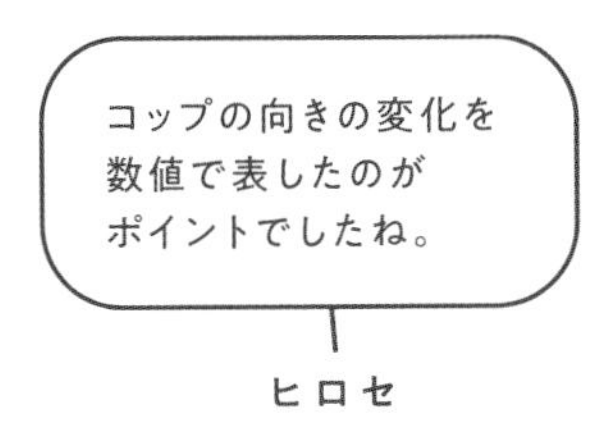

第 3 章

鳩の数が　巣の数より多いと
何が起こるか

鳩の巣原理

問 9　東京の人口と髪の毛

東京に住む人の中で、髪の毛の本数が
まったく同じ人が　少なくとも 1 組いることを
証明しなさい。

東京都の人口はおよそ 1400 万人、
人の頭髪の本数は 14 万本未満とします。

考え方

「鳩の巣原理」を使います。

知らない方もだいじょうぶ。
このあとすぐに学べます。

0から139,999の番号がついた、14万室の部屋を用意します。
東京に住む1400万人に、自分の髪の毛の本数の部屋に
入ってもらうとします。

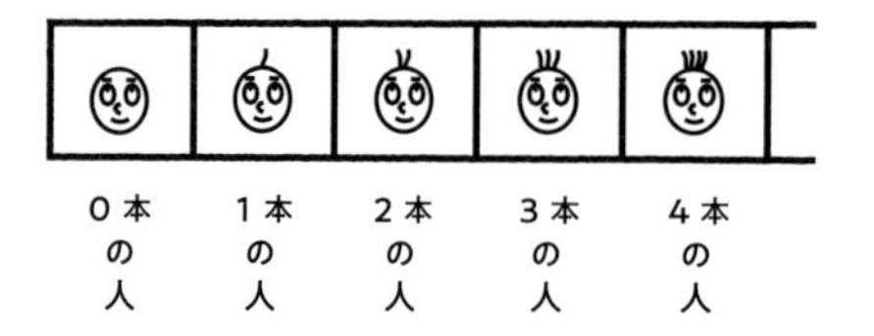

人間の髪の毛の本数は
14万本未満なので
必ずどこかの部屋に入ります。

最初の14万人が入ったとき、同じ部屋の人がいれば、
その時点で髪の毛の本数が同じ人がいたことになります。

最初の14万人が入ったとき、
もしも　全員が違う部屋に1人ずついたとしたら、
その時点ではまだ髪の毛の本数が同じ人はいません。

しかし、そこに14万1人目の人がやってくると、
当然、どこかの部屋に入ることになるので
その部屋は　2人になってしまいます。

やはり、髪の毛の本数が同じ人がいたことになります。

鳩の巣原理とは

10 羽の鳩を、9 個の巣に入れるとき
2 羽以上の鳩が入る巣が　少なくとも 1 個ある

これを一般化した、以下のものが鳩の巣原理です。

n 個のものを、m 個の箱に入れるとき、
n ＞ m ならば、2 個以上のものが入る箱が
少なくとも 1 個ある

The Pigeonhole Principle

3×3のマスがあります。ここに、
1, 2, 3 の数字を 自由に入れていきます。
（たとえば 右ページのように）

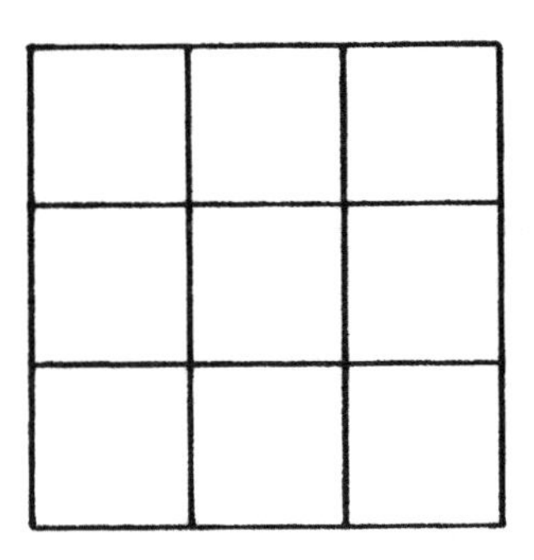

すると、縦・横・ななめに並ぶ 3つの数の和が
同じになるところが 必ずできます。

これは本当でしょうか。
ご自分で 1, 2, 3 の数字を入れて
確かめてください。

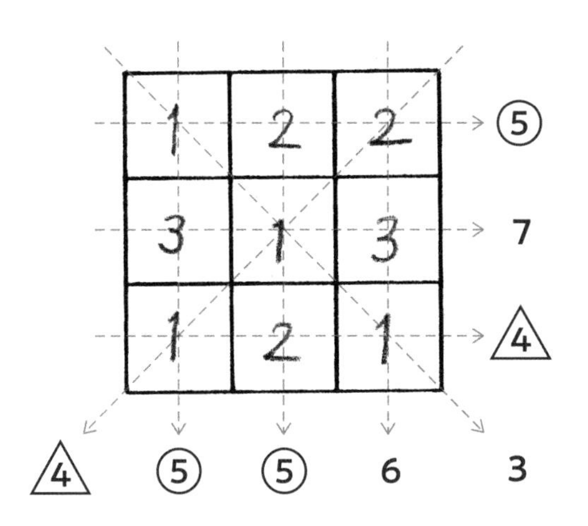

一体　なぜ、

こんなことが起こるのでしょうか。

考え方

3つの数の和が何種類あるか
考えてみましょう。

数字の組み合わせを、すべて書き出してみます。

1+1+1 = 3
1+1+2 = 4
1+1+3 = 5
1+2+2 = 5
1+2+3 = 6
1+3+3 = 7
2+2+2 = 6
2+2+3 = 7
2+3+3 = 8
3+3+3 = 9

よく見ると、和は
3から9までの 7通りしかありません。

一方、縦・横・ななめの並びは
全部で8列あります。

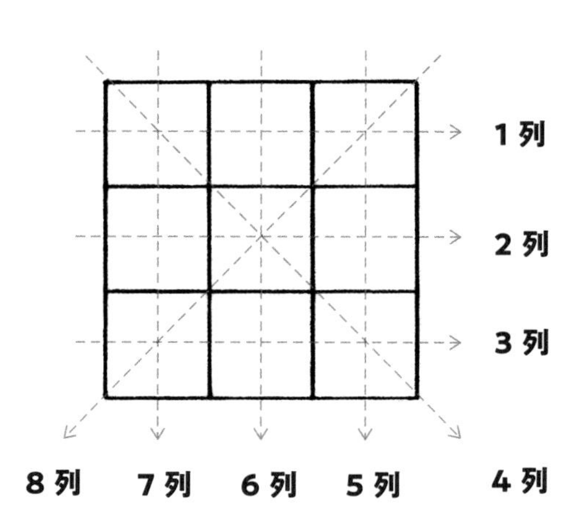

マスの並びが8列あるのに対して、
3つの数の和は7通りしかありません。

ここで、鳩の巣原理の出番です。
少なくとも2つの列には
同じ和が入らざるをえないのです。

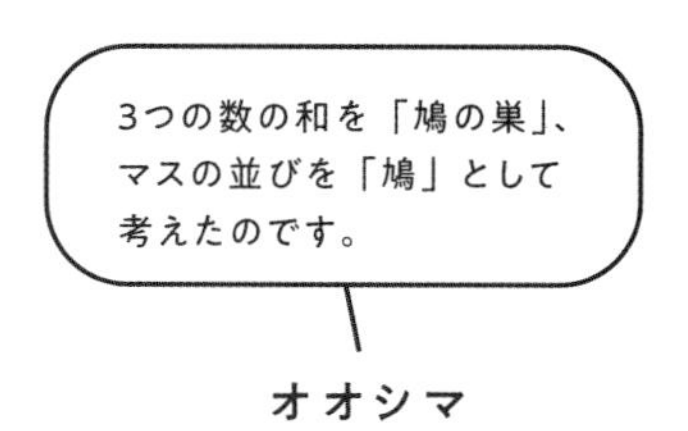

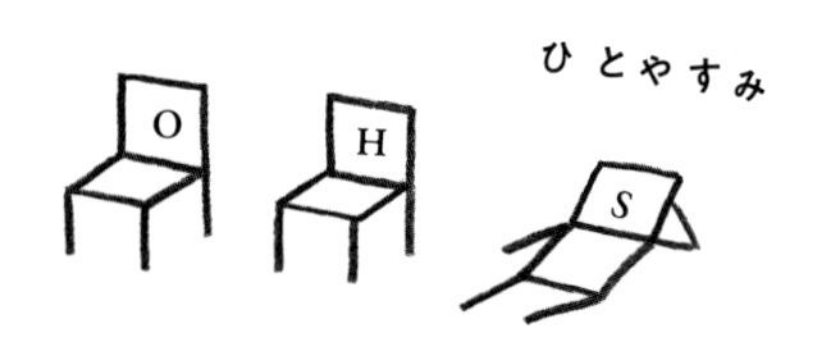
ひとやすみ
O
H
S

第 4 章

世の中を　敢えて　偶数と奇数の
ふたつに分けてみる

偶奇性の問題

問 11　7枚のオセロ

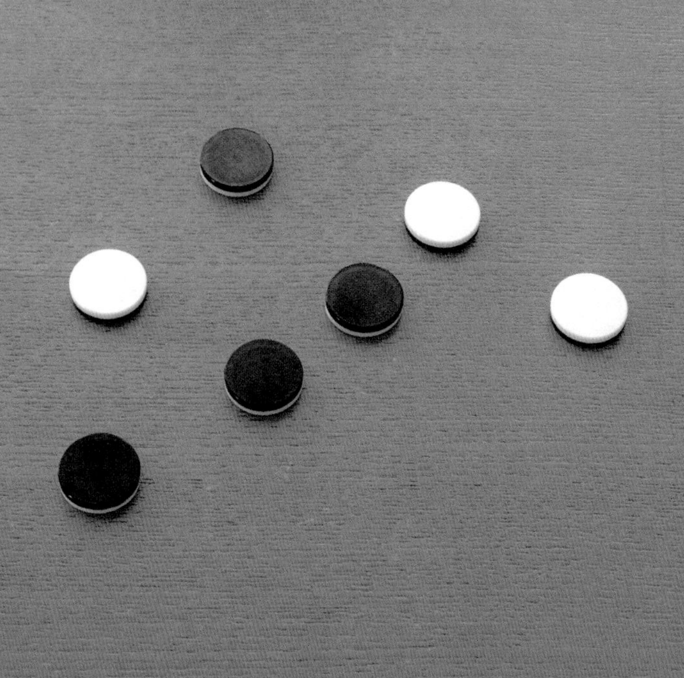

オセロのコマが 7 枚あります。
今、そのうち 3 枚が白、4 枚が黒になっています。

私(筆者)は、これから
このコマを 6 回ひっくり返します。

どのコマを選ぶか分かりませんし、
同じコマをひっくり返すかもしれません。

さて、6 回ひっくり返したあと、
コマの状態は、次のページのようになりました。

ただし、私は意地悪ですから、
１枚だけ、手で隠しました。

でも、聡明なあなたなら
私が隠したコマの色が
お分かりですよね。

白か黒か、どちらでしょうか？

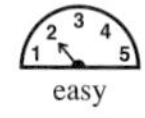

問 11 解説

考え方

偶数枚か奇数枚かだけに注目します。

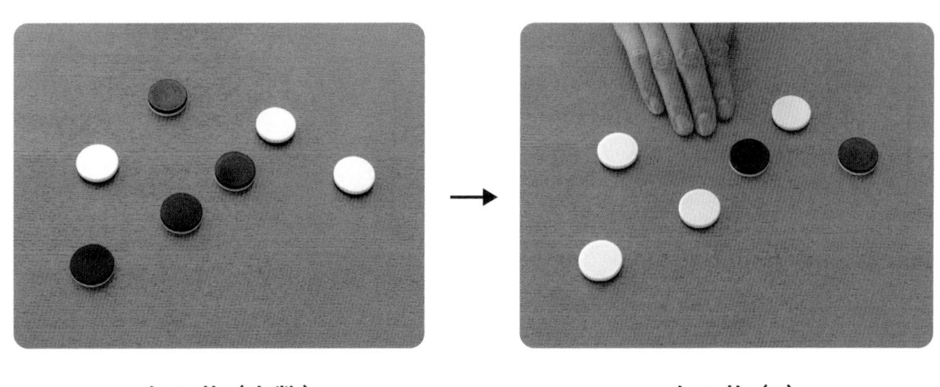

白 3 枚（奇数）
黒 4 枚（偶数）

白 ? 枚（?）
黒 ? 枚（?）

6 回ひっくり返すと
偶数と奇数は　どうなるか?

白と黒のどちらをひっくり返しても、
一方は1枚増え、もう一方は1枚減るので、
偶数と奇数が入れ替わります。

	最初	1回	2回	3回	4回	…
白の枚数	奇数	偶数	奇数	偶数	奇数	…
黒の枚数	偶数	奇数	偶数	奇数	偶数	…

6回ひっくり返したあとには、
白は奇数枚、黒は偶数枚になります。

よって、隠していた1枚は白だと分かります。

答え　白

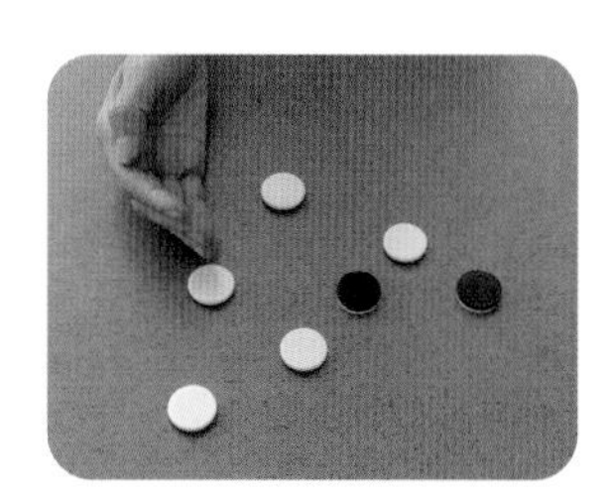

ここでは、白と黒の枚数そのものではなく、
その枚数が偶数か奇数かということに注目しました。
ある整数が偶数であるか奇数であるかを、
偶奇性と呼びます。

Parity

問12　コインとりゲーム

机の上に、コインが６枚 並んでいます。

このコインを使って、私(筆者)と あなた(読者)で
あるゲームをしましょう。

２人で かわりばんこに コインをとっていきます。
ただし、右端か左端のコイン１枚しかとれません。

順にとっていって、コインが全部なくなったとき、
合計金額が多い方が勝ちです。

では、ゲームを始めましょう。
手始めに　私が１枚とってみます。
次のページへどうぞ。

私がとった１枚はこれです。

どうですか、びっくりしましたか？
何か戦略がありそうで　いやな感じを受けたかも
しれませんが、とりあえず、続けてください。

さて、あなたは　100円をとりますか？
それとも、5円をとりますか？

そうですよね。
当然 100 円を
とりますよね。

100 円をとる

え、5 円をとるんですか？
ありえないです、それ。
じゃあ、私は…

5 円をとる

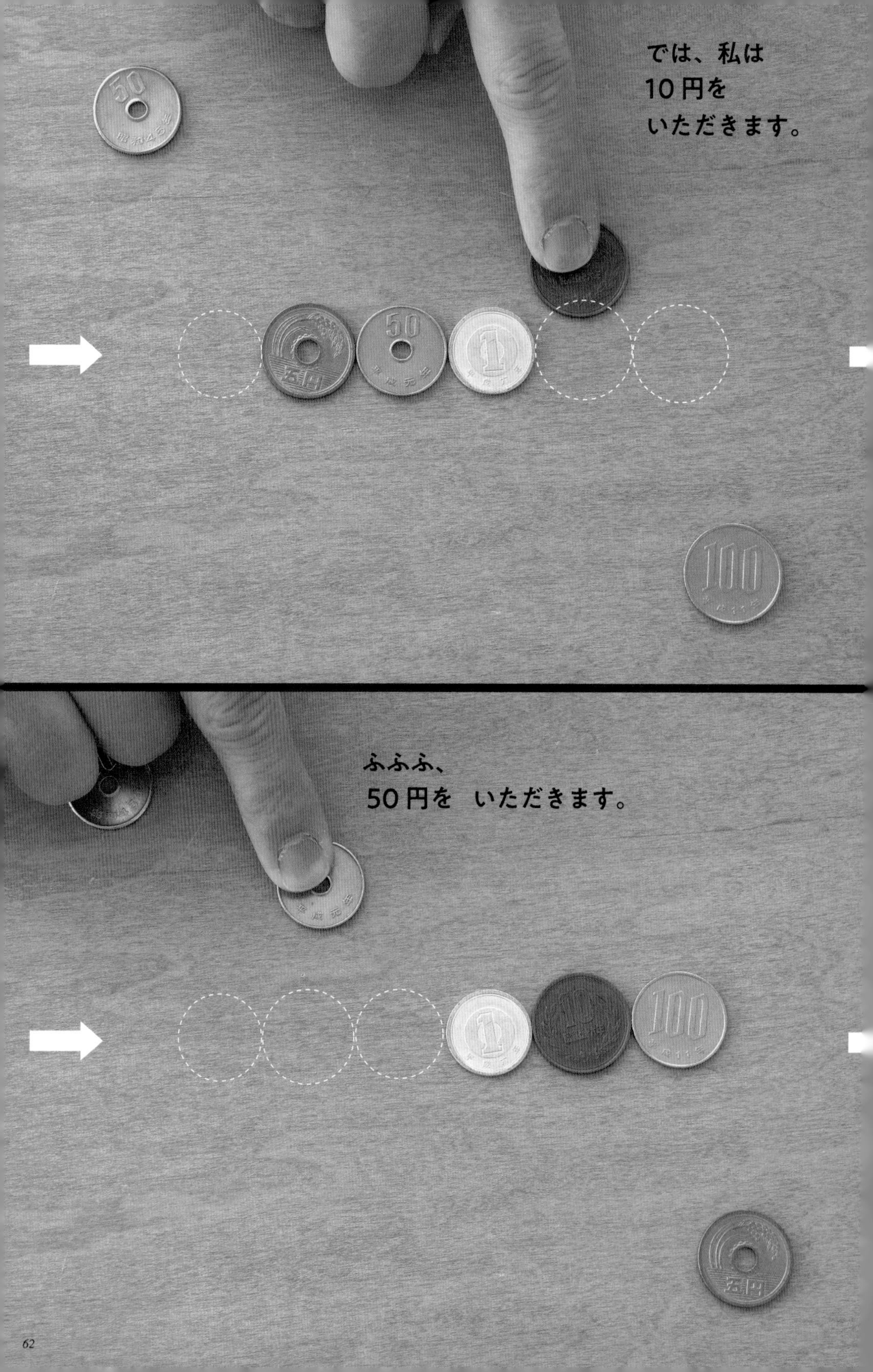
では、私は
10円を
いただきます。
ふふふ、
50円を　いただきます。

さあ、次はあなたの番です。
5円をとりますか？
1円をとりますか？

5円

1円

さあ、次はあなたの番です。
100円をとりますか？
1円をとりますか？

100円

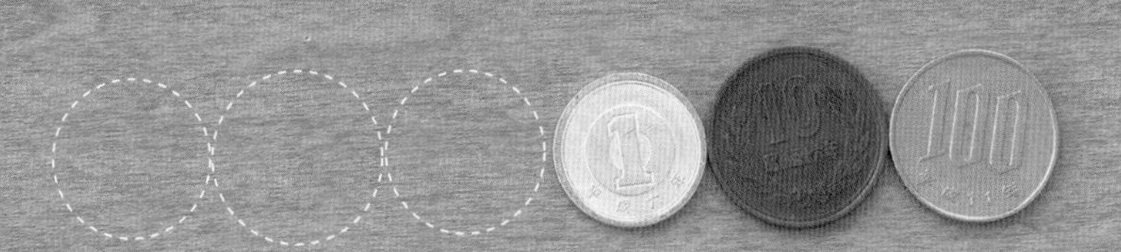

1円

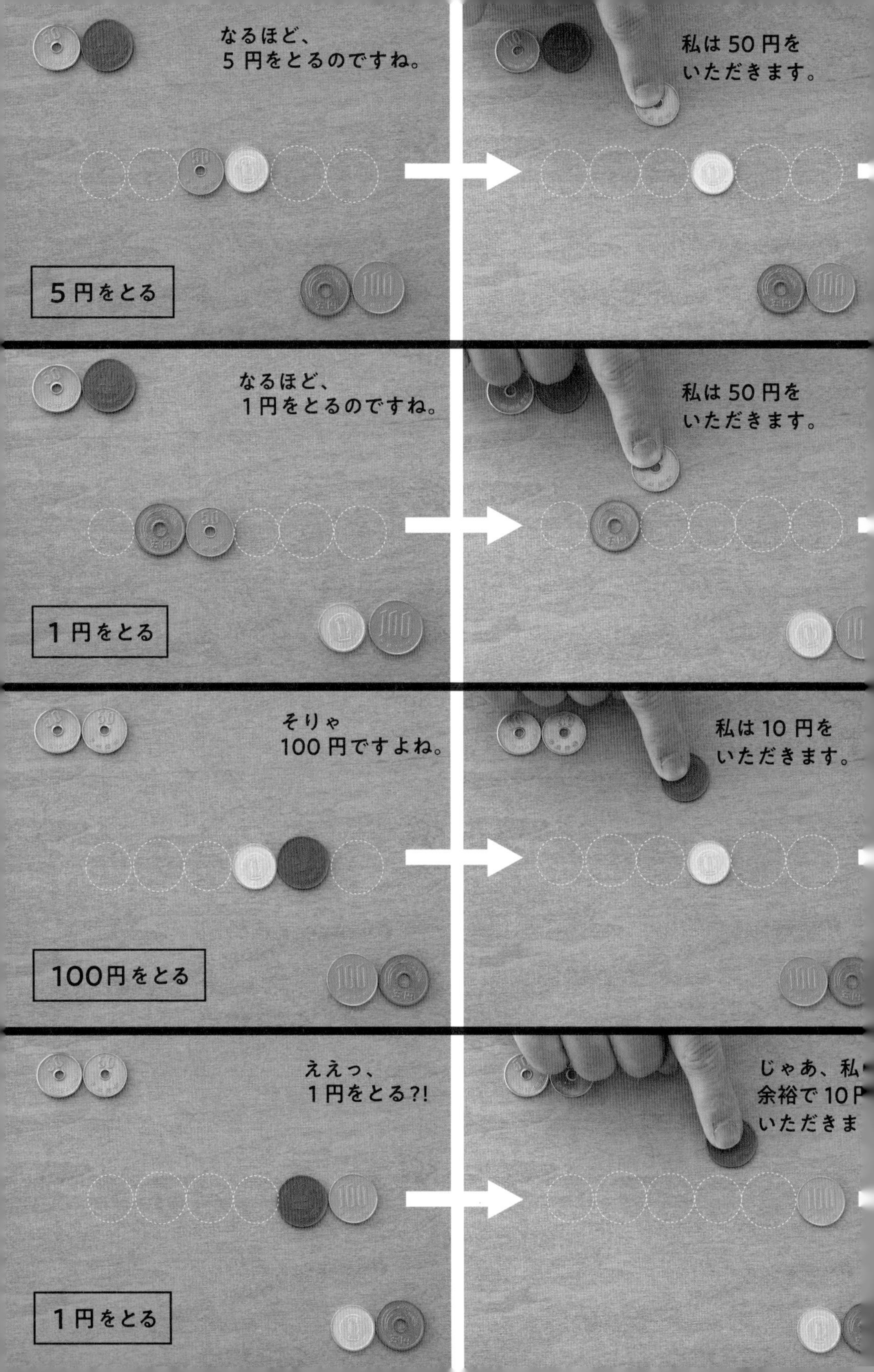
なるほど、
5 円をとるのですね。
私は 50 円を
いただきます。
5 円をとる
なるほど、
1 円をとるのですね。
私は 50 円を
いただきます。
1 円をとる
そりゃ
100 円ですよね。
私は 10 円を
いただきます。
100円をとる
ええっ、
1 円をとる?!
じゃあ、私
余裕で 10 P
いただきま
1 円をとる

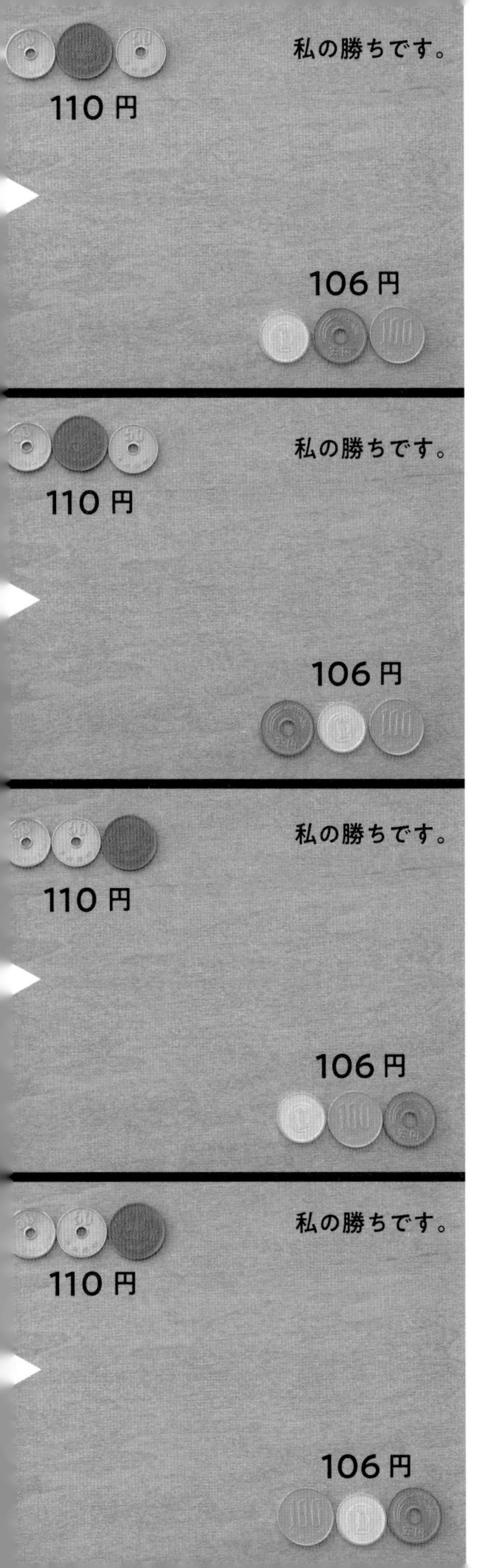

なんと…！
どの場合でも
私は勝っています。
しかも、同じ金額で。

なぜ、こんなことが
起きるのでしょうか。

問12 解説

考え方

勝者のとり方にひそむ
ルールを見つける。

私（筆者）　合計 110円

あなた（読者）　合計 106円

私がとったコインに　赤丸◯をつけ
あなたがとったコインに　青丸◯をつけてみると、
２人がとったコインが　交互に並んでいるのが分かります。

実は　私はゲームが始まる前に、
赤のコイン（左から奇数番目）の合計と
青のコイン（左から偶数番目）の合計を
すかさず暗算しました。

そして、赤のコインを全部とれば、
このゲームに勝つと　分かったのです。

あなたはすでに
負けていた。

では、どうしたら　赤のコインを
すべてとることができるでしょうか。

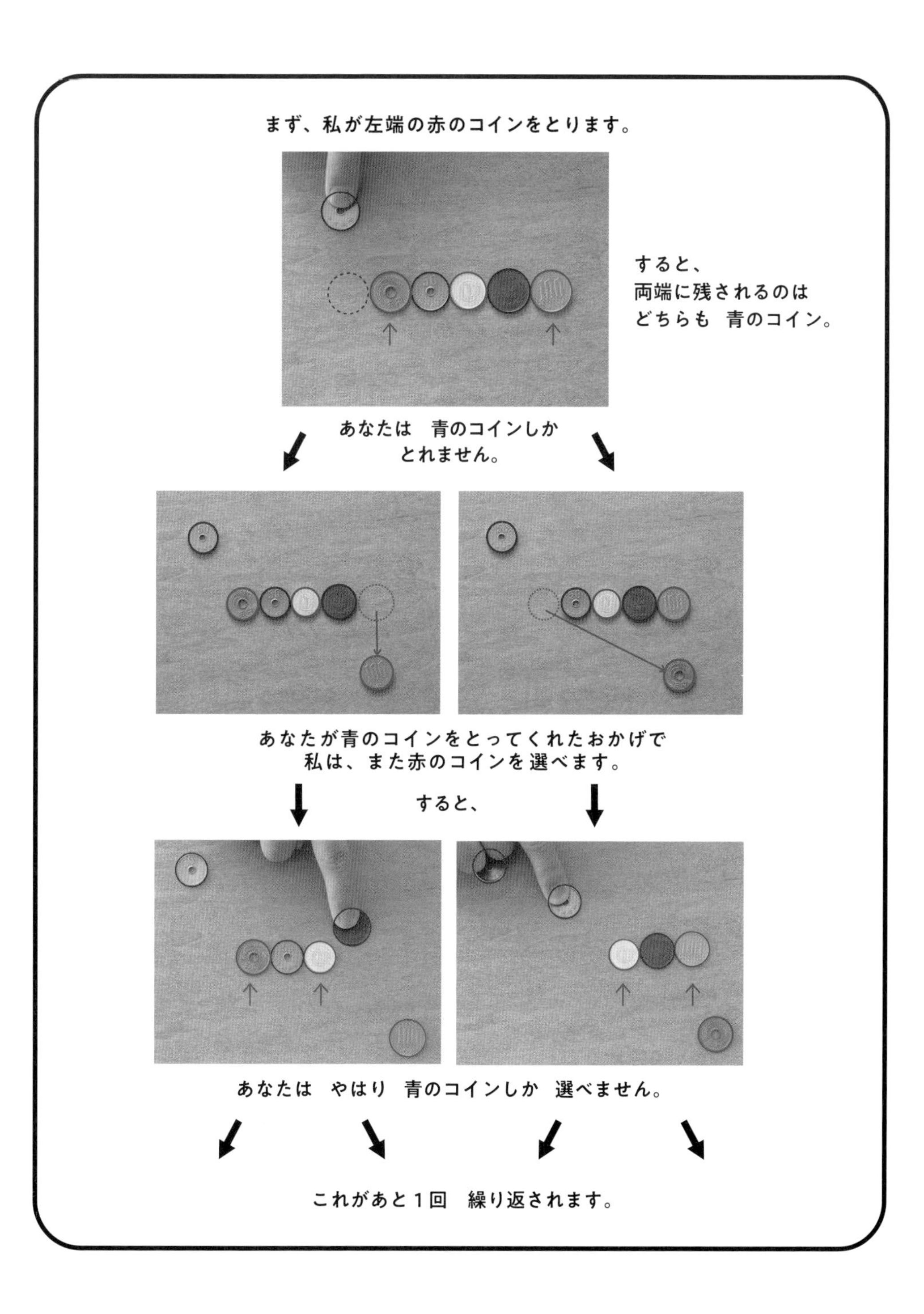

とうとう最後まで、後手のあなたは

青のコインだけをとらされて、負けてしまいます。

問13 サイコロの回転

サイコロがあります。
これから このサイコロを、前後左右いずれかの方向に
90° ずつ 転がしていきます。

このような
回転も可です。

1回につき 90° 転がし、
次は、また好きな方向に 90° 転がします。

4、5 回　それを繰り返したら、
上のようになりました。

実は、この 2 つの写真から　回転させた回数が
厳密に 4 回なのか、5 回なのかが分かります。
どう考えるのでしょうか?

最初、サイコロの面は
6と5と3が見えています。

考え方

90° 回転させたとき、見えなくなる面と見えてくる面の関係に注目します。

ためしに回転させてみると、見えていた3つの面のうち、
1つの面だけが入れ替わるのが分かります。

5が消えて対向面の
2が現れる

5 → 2

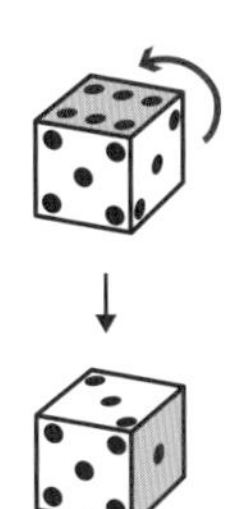

6が消えて対向面の
1が現れる

6 → 1

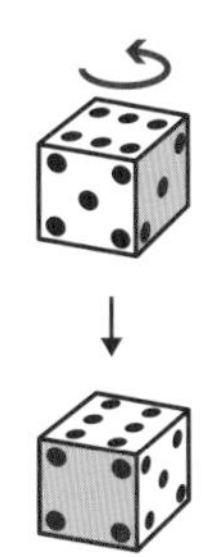

3が消えて対向面の
4が現れる

3 → 4

サイコロは、対向面の目の和が7になるように
できていることを、思い出してください。
7は奇数なので対向面の目の組み合わせは
必ず（偶数，奇数）になります。

以上のことから、90° 回転で消える目と現れる目の関係は、
次の2つしかありません。

偶数が消えて、奇数が現れる
あるいは
奇数が消えて、偶数が現れる

つまり、90° 回転すると、
見えている1つの目について
偶奇の入れ替わりが起こるわけです。
実はそのとき、3つの目の
和の偶奇も入れ替わっています。

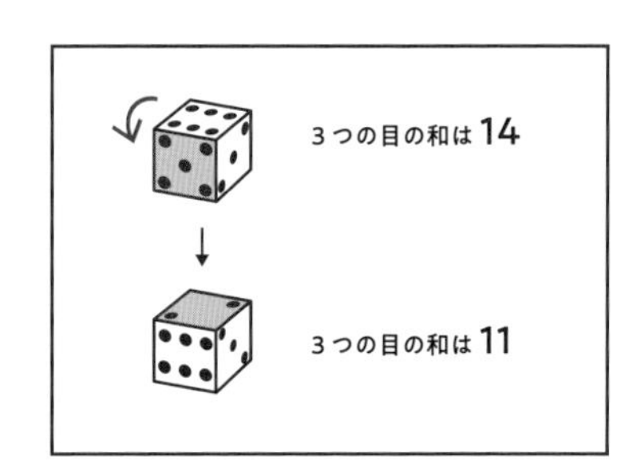

さて、問題のサイコロは、
見えている3つの目の和が偶数で始まり、
偶数で終わっています。

最初

3つの目の和は 14（偶数）

4、5回 90° 回転すると →

最後

3つの目の和は 6（偶数）

よって、回転させたのは偶数回、
つまり4回だったと分かります。

答え　4回

第 5 章

ある地点から　ある地点に行くなら
直線で行くのが　一番近い

三角不等式

これは横浜の衛星写真です。
左ページに見えるのは横浜スタジアム。
真ん中の　碁盤の目のようになっているのは、かの有名な中華街。

次のページには、この中華街にまつわる問題が出てきます。

問 14　横浜中華街

中華街に住む陳くんは　幼馴染の山本さんと
P 飯店で小籠包を食べました。
その後、山本さんは赤い道、陳くんは青い道を
通って帰宅します。
２人の歩く速度が同じだとすると、
どちらが先に家に着くでしょうか？

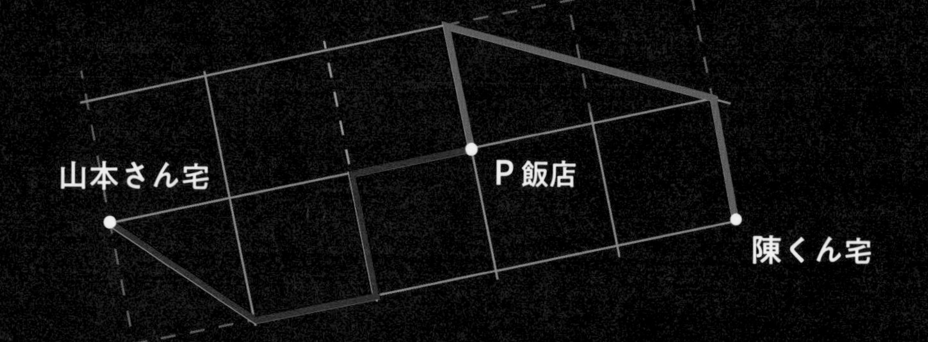

ただし、２人の住んでいる周辺は
格子状に区分けされており、
マス目はすべて正方形とします。

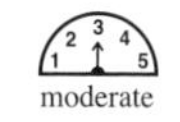

考え方

問題を単純にしていくと最後に核心が現れる。

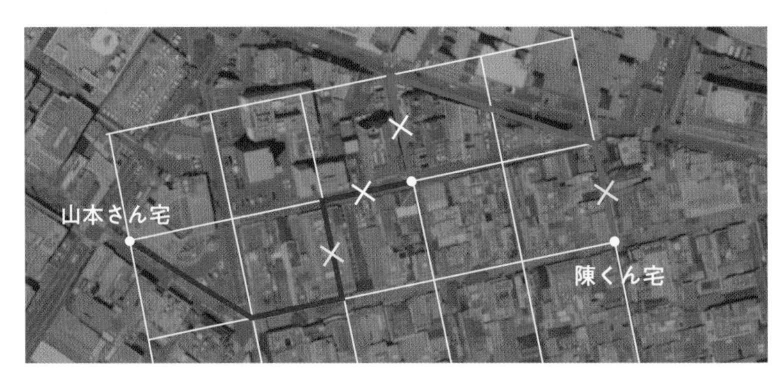

まず、2人の帰り道から、同じ長さの辺を相殺していきます。

次に、残った線の長さを比べます。

線を移動すると、なんと三角形ができました。

ついに、
問題の核心が
現れたようです。

ヒロセ

2点を結ぶ最短経路は直線です。
最後にできた三角形では、
青い線が　赤い折れ線より短いということです。

つまり、青い陳くんの道のりの方が
短いといえます。

答え　陳くんが先に家に着く

「三角形の1辺の長さは、
他の2辺の長さの和よりも小さい」
ということが知られています。

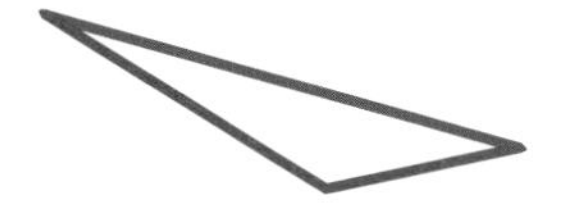

これには 三角不等式 という名前がついています。

このことから
「2点を結ぶ最短経路は直線」
ということが導かれます。

Triangle Inequality

問 15　十字路の渡り方

十字路があります。
奥のパイロンＡから、手前のパイロンＢまで歩くとき
最短経路はどのようになるでしょうか。
ただし、車道は垂直に渡ることとします。

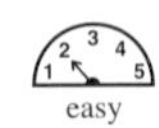

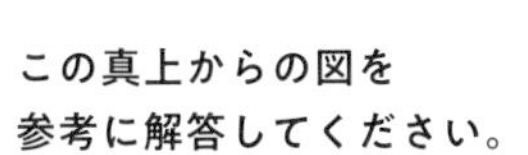
この真上からの図を
参考に解答してください。

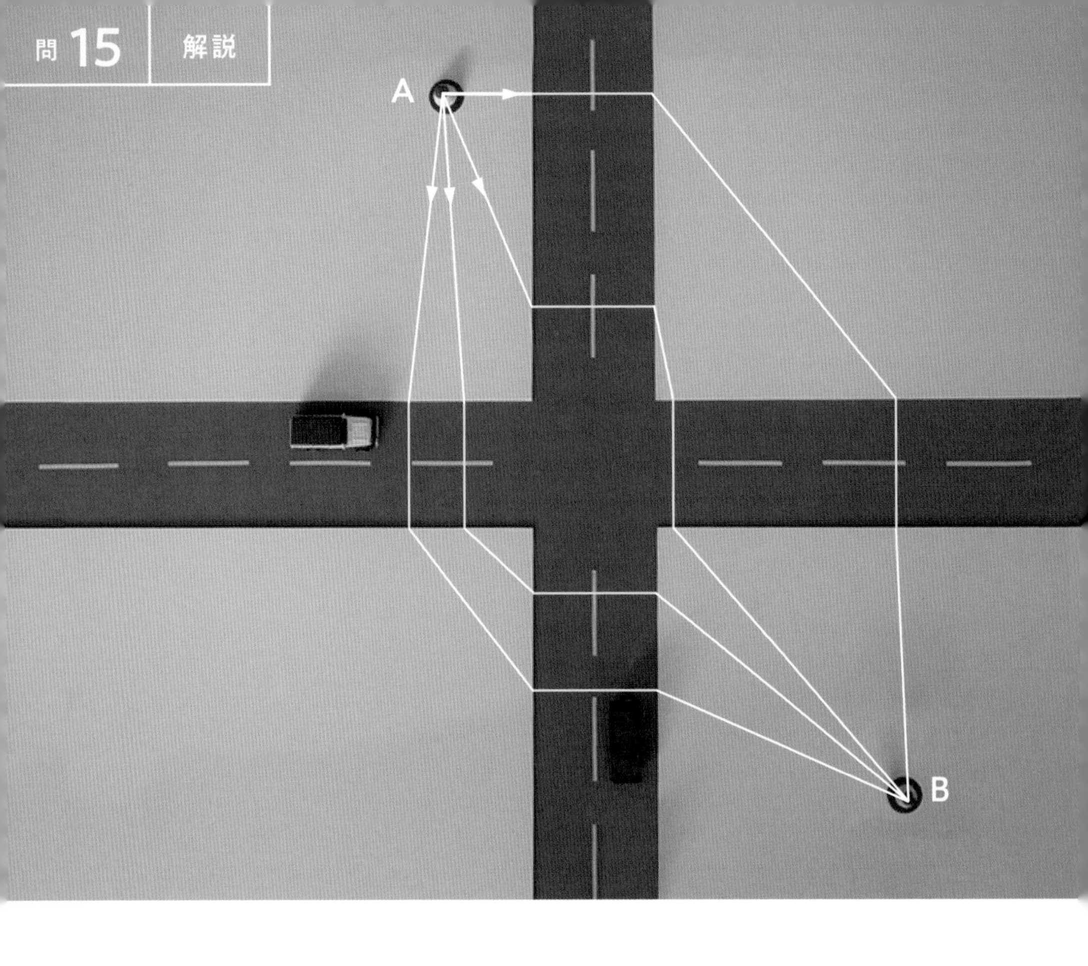

考え方

車道は、ないものとして考える。

どんな経路でも、AからBに行くのに、縦の車道を1回、横の車道を1回、渡らなくてはなりません。
そして車道は、どこで渡ろうと、渡る距離は同じです。
どうせ同じなら、いっそ車道をないものとして考えましょう。

車道をないものとする！
数学って自由だ。
サトウ

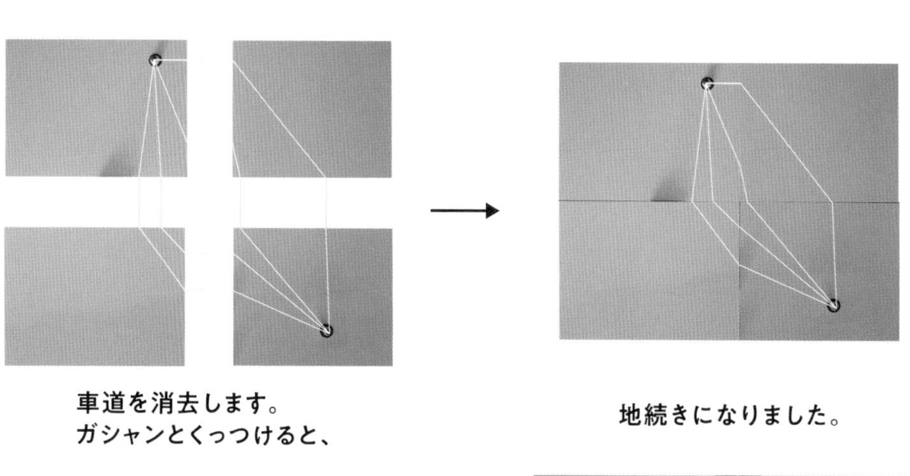

車道を消去します。
ガシャンとくっつけると、

地続きになりました。

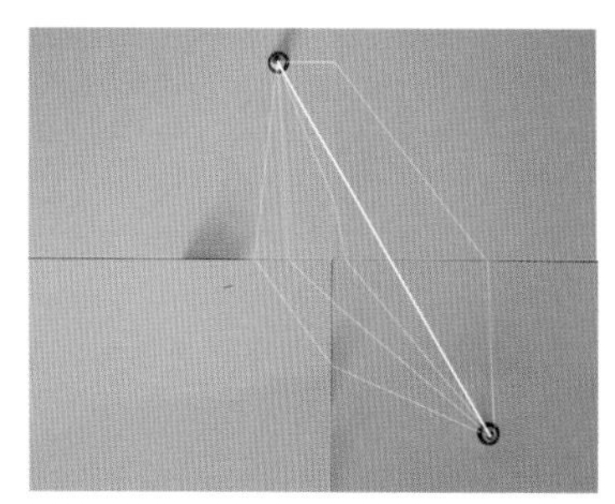

平面における２点の
最短経路は直線です。

車道をもとに戻すと　この経路は
３つに分かれます。

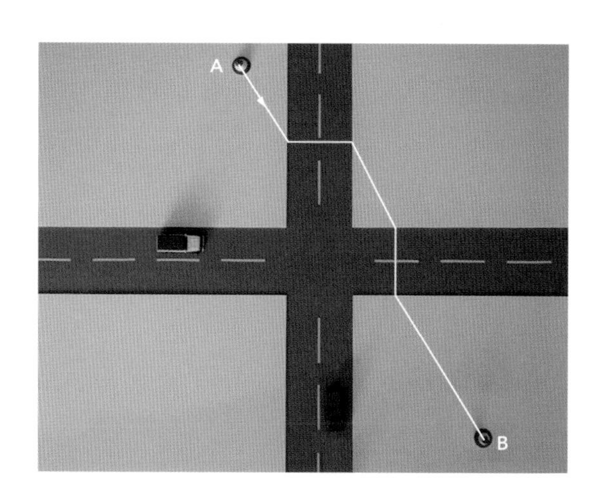

車道を渡る線を加えると　最短経路のできあがりです。

tea time

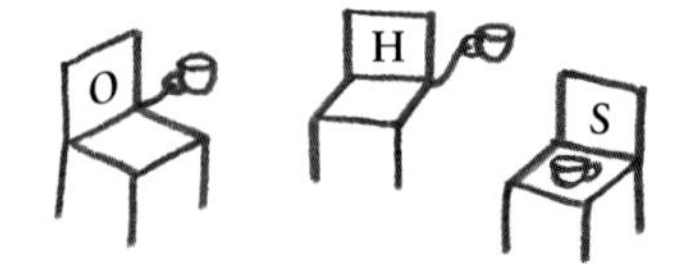

第 6 章

複数の条件が　答えを決定づける

条件の重ね合わせ

問 16　ケーキとプレート

直方体のチョコレートケーキに、
長方形の白いプレートがのっています。
ナイフで　上から１回だけまっすぐ切って、
ケーキもプレートも　ちょうど半分に切り分けるには
どうしたらよいでしょうか。

プレートはケーキの真ん中に
のっているわけではありません。

easy

考え方

それぞれの条件を重ね合わせることで、答えが見えてくる。

ケーキもプレートも長方形ですから、
中心を通る直線であれば、面積を半分にできます。

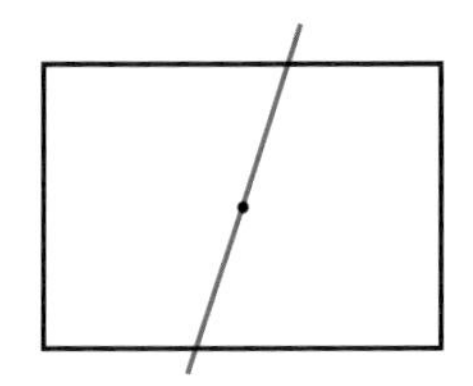
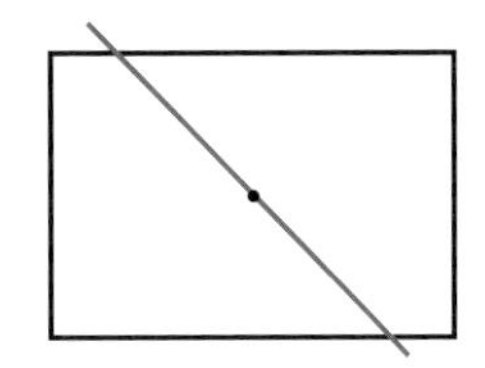
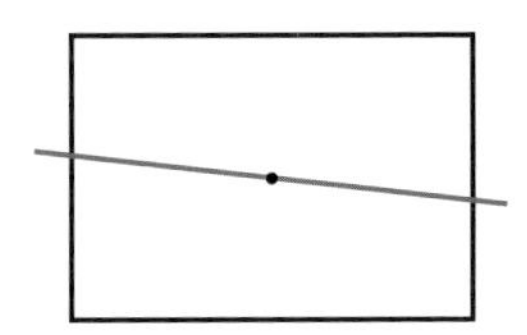

1個の長方形なら、
半分にする直線は
無限にありますね。

ケーキもプレートも　同時に
半分にするためには、直線は
ケーキの中心と　プレートの中心の
両方を通る必要があります。

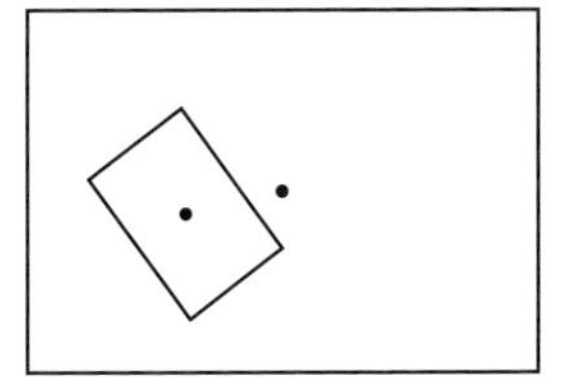

つまり、それぞれの中心を結ぶ直線なら、
同時に両方の面積を半分にできるのです。

一見、難しそうですが、複数の条件が
かえって、答えを決定づけることになり、
そこが面白いところでもあります。
さて、次の問題はどうでしょうか?

サトウ

問 17 ４つの道具

はさみ、ひも、鉛筆、テープを使って
図形を描きます。

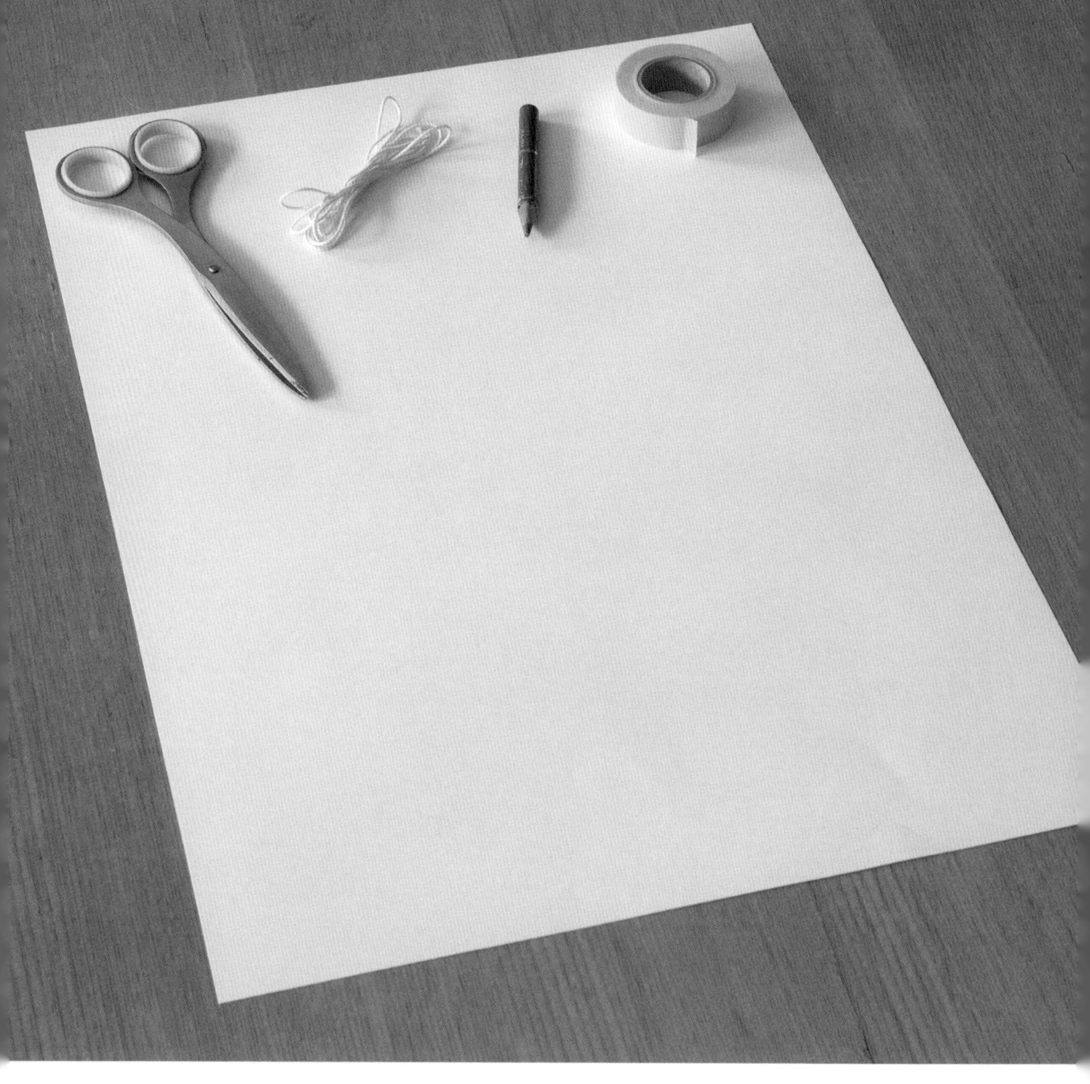

たとえば、
こういうセッティングなら
円が描けますね。

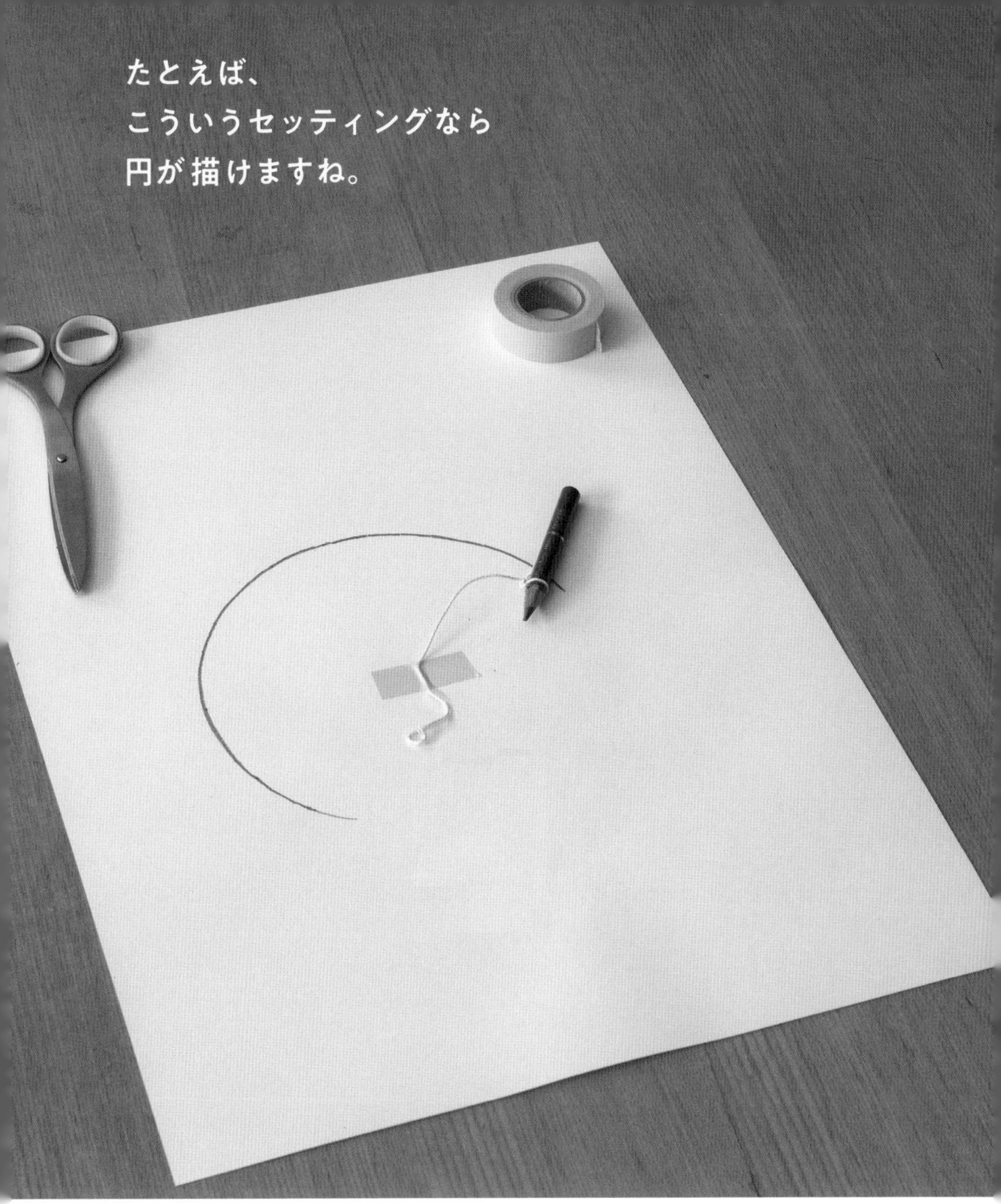

では、問題です。

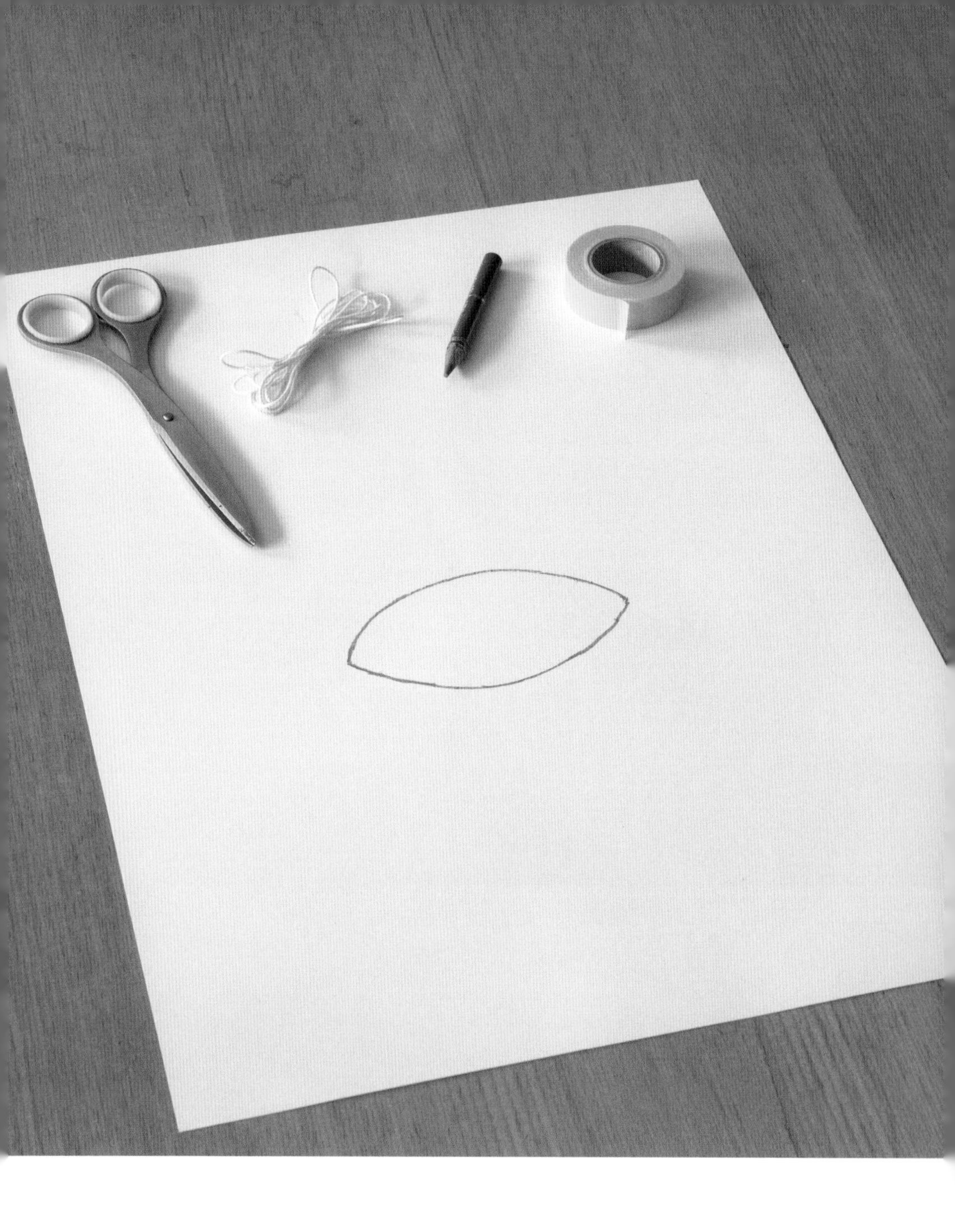

左のような図形を　一筆で描くには
どんなセッティングをすれば
いいのでしょうか？

この図形の上半分・下半分は、
それぞれ円の一部です。

これで描けます。

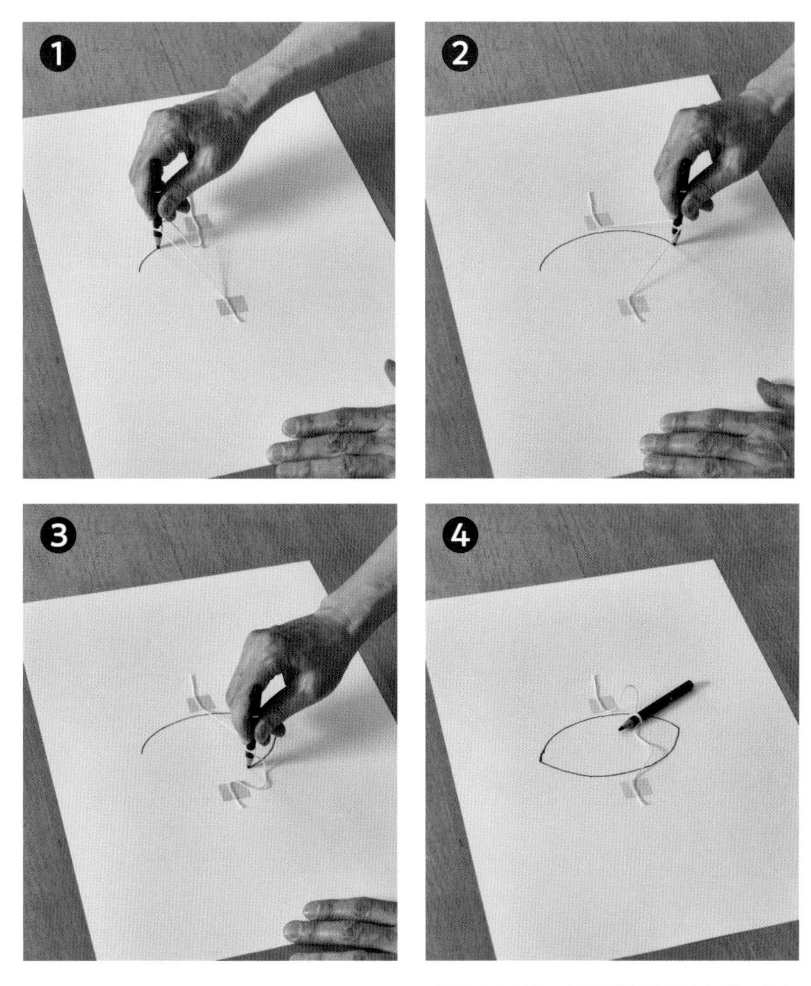

下の方の糸は、上の円弧を描くのに使います。
上の方の糸は、下の円弧を描くのに使います。

考え方

それぞれの条件を重ね合わせることで、
答えが見えてくる。

難問検討中

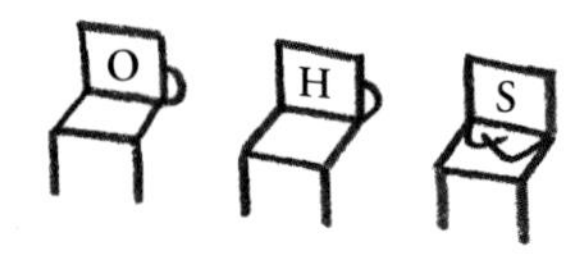

第７章

比較しにくいものを比較するには

比較の問題

問18　寛永通宝

問19　31^{11} と 17^{14}

問18　寛永通宝

寛永通宝を　赤と青の二色で塗り分けました。
さて、面積が大きいのはどちらの色でしょうか。

ただし、中央の四角形は正方形とします。

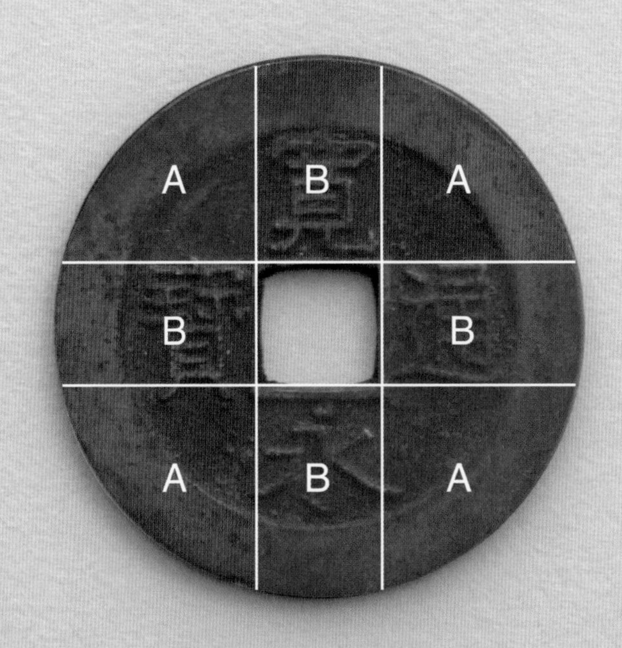

考え方

比較しにくいものは
比較できる形にする。

写真のように区分けすると、

赤は　Aが2つ　Bが2つ
青も　Aが2つ　Bが2つ

つまり、赤と青の面積は　同じです。

問19

31^{11}　　17^{14}

大きいのは
どちらでしょうか。

前問での学び

比較しにくいものは
比較できる形にする。

それにしても、この問題は
かなり比較しにくい形をしています。

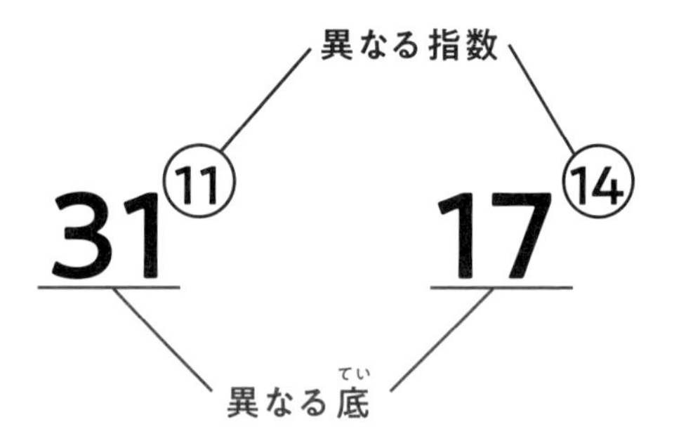

これでは比較しようにも、比較できません。

せめてどちらかが同じなら
比較することができるのに…

たとえば、底を同じにするには、
どうしたらいいでしょうか。

31という数字と 17という数字を
じっと見てみる…

ここから先は
思考のジャンプが必要です。
みなさん考えてみてください。

31も17も2^nで表せる数（32と16）に
近いことに気づきましたか？

これを踏まえると、

$$31 = 32-1 = 2^5-1 < 2^5$$

$$17 = 16+1 = 2^4+1 > 2^4$$

ということは、

$$31^{11} < (2^5)^{11} = 2^{55}$$

$$17^{14} > (2^4)^{14} = 2^{56}$$

底が同じ
になりました。

これで

$$31^{11} < 2^{55} < 2^{56} < 17^{14}$$

となり、比べることができました。

答え　17^{14}

w.c.
あっ
とけた！

O
H

第 8 章

論理的ドミノ倒し

数学的帰納法

問 20　2 人の負けず嫌い

問 20

2人の負けず嫌い

パズルが得意な少年が2人おりました。
湯川くんと朝永くんと言います。

ある日、2人はハノイの塔と呼ばれるパズルに夢中になっていました。
このパズルはサイズの違う円盤を、たくさん使います。
最初、すべての円盤は左端の棒に通してあります。
ここから円盤を1枚ずつ動かして、右端の棒にすべて移します。

円盤を移すときのルール

- 小さな円盤の上に、大きな円盤をのせないこと
- 円盤は、3本の棒以外のところに置かないこと

2 人は今、円盤を 12 枚にして、
どちらが早く解けるか競っています。

しばらくすると、湯川くんの得意気な声が聞こえてきました。
「あっ、分かった！」
どうやら、12 枚の円盤を移す手順を見つけたようです。

すると、すかさず、朝永くんも負けじと言いました。
「だったら、円盤が 1 枚増えて13 枚になっても、必ず解けるね 」

さて、湯川くんの解答を聞いて 13 枚でも解けると言った
朝永くんは、どう考えたのでしょうか。

問 20　朝永くんの考え方

2人は円盤を1枚増やして13枚にして、
議論をすることにしました。

朝永

まず、「湯川くんの手順」を使えば、左側の上から12枚を真ん中に持ってくることもできるよね。

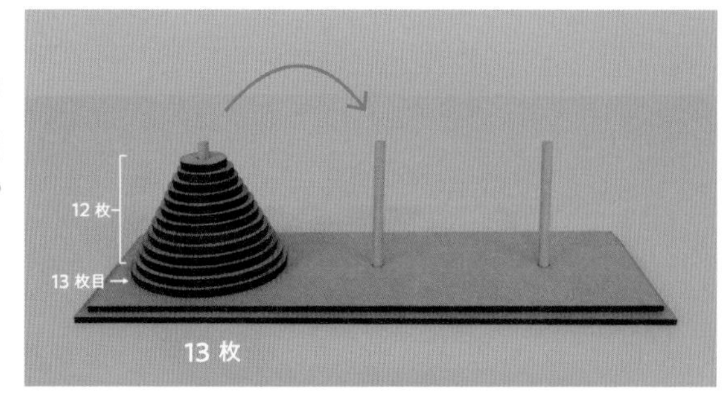

湯川

そうだね。
でも、その時一番大きな1枚はまだ左側だね。

朝永

次に、その一番大きな1枚を右側に持ってくる。

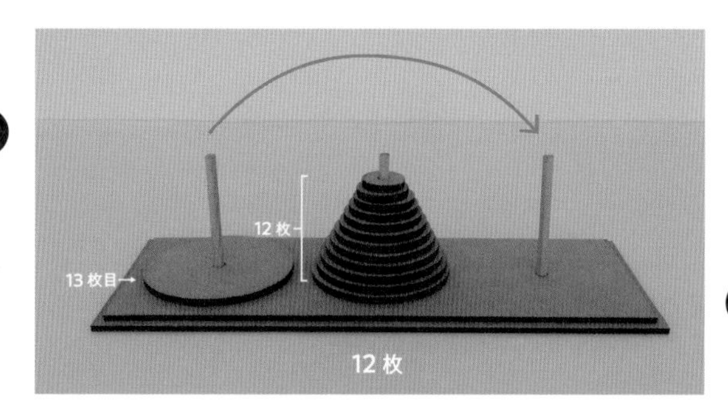

湯川

で？

朝永

最後は、もう一度「湯川くんの手順」を使う。今度は真ん中の12枚を右側に持ってくるんだ。

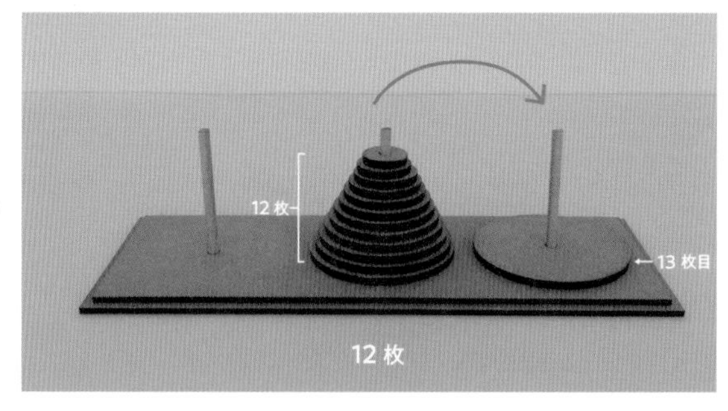

湯川

なるほど！

朝永

この考え方を使うと、円盤が14枚でも解けるね。

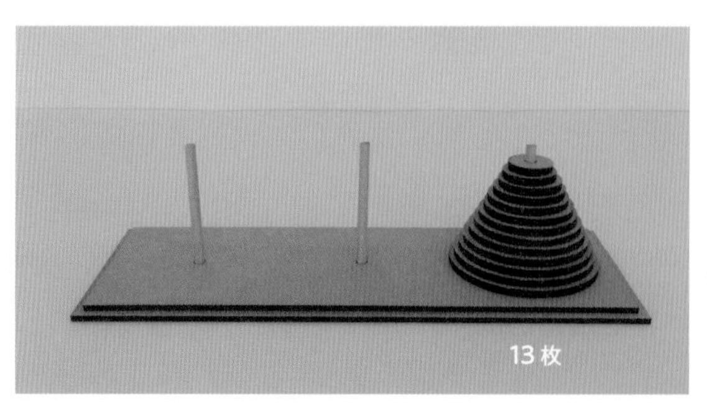

湯川

とすると…、
何枚でもいけるのか

湯川くんと朝永くんは、円盤の数が
12 枚のときに解けたのをきっかけに、

k 枚のときに成り立つなら、
k+1 枚のときにも成り立ち、
さらに、それを続けていくと、
円盤が何枚の場合でも成り立つのではないか、

という考えまで行きつきました。

これは 数学的帰納法 と呼ばれる論法です。

Mathematical Induction

この本いちばんの
おすすめは？

第 9 章

解く喜び　ここにあり

修了問題

問 21　ジョンとメアリの背くらべ
問 22　タイルの隅

問 21　ジョンとメアリの背くらべ

あるIT企業の記念撮影で、従業員が並んでいます。

ここで、縦のそれぞれの列から1人、
一番背の高い人を選んでいきます。
その選ばれた人たちの中で、一番背が低いのは、
ジョン・スミスでした。

今度は、横のそれぞれの行から1人、
一番背の低い人を選んでいきます。
その選ばれた人たちの中で、一番背が高いのは、
メアリ・ブラウンでした。

さて、問題です。
ジョンとメアリでは、
どちらが背が高いでしょうか。

特別にヒント

2つのものを直接比べられないときは
それぞれと比べられる共通のものを探す。
ジョンともメアリとも比べられる人って、だれ？

ジョンのいる列を　青い列、
メアリのいる行を　赤い行とすると
青い列と赤い行の　重なった場所に　ある人がいます。

この人を仮にアレックスと呼んで注目すると…

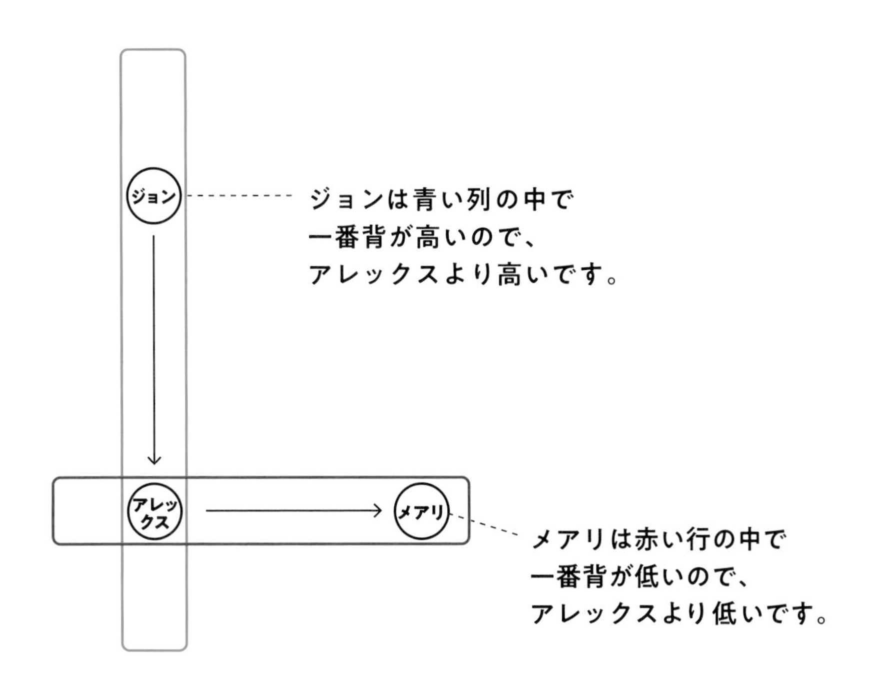

よって、背の高さは

ジョン ＞アレックス ＞メアリ

となります。
以上から、背が高いのは、ジョンです。

答え　ジョン

考え方

比較しにくいものは
比較できる形にする。

問 22　タイルの隅

正方形の舗装(ほそう)タイルが
敷きつめられた歩道があります。
タイルの隅を5か所　自由に選び、
その隅どうしを　すべて直線で結びます。

そのとき、引いた直線のどれかが必ず
どこかのタイルの隅を通ることを証明しなさい。

考え方

タイルの隅を数で表します。

数値化すると
具体的に扱えるものになり、
問題の核が姿を現してきます。

右図のように　歩道に座標軸をのせると、
タイルの隅はすべて（整数, 整数）という形の座標になります。

ここで、偶数か奇数かに注目すると、隅の座標は
次の4 種類しかありません。

たとえば右図の５つの隅は
こう分類されます。

①（偶数, 偶数）	(4, 2)
②（偶数, 奇数）	(0, 5)
③（奇数, 奇数）	(1, 1)(5, 3)
④（奇数, 偶数）	(5, 4)

隅を５つ選ぶと、分類は４つですから、鳩の巣原理により
少なくとも２つの隅が同じ分類に入ります。
では、２つの隅が同じ分類に入ると、何が起こるでしょうか。

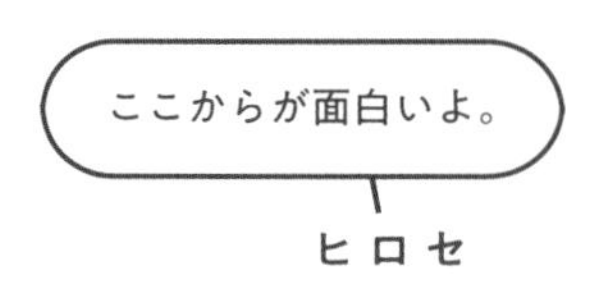

２つの隅の座標を（a, b）、（c, d）とすると、中点の座標は

$\left(\frac{a+c}{2}, \frac{b+d}{2}\right)$ で表されます。

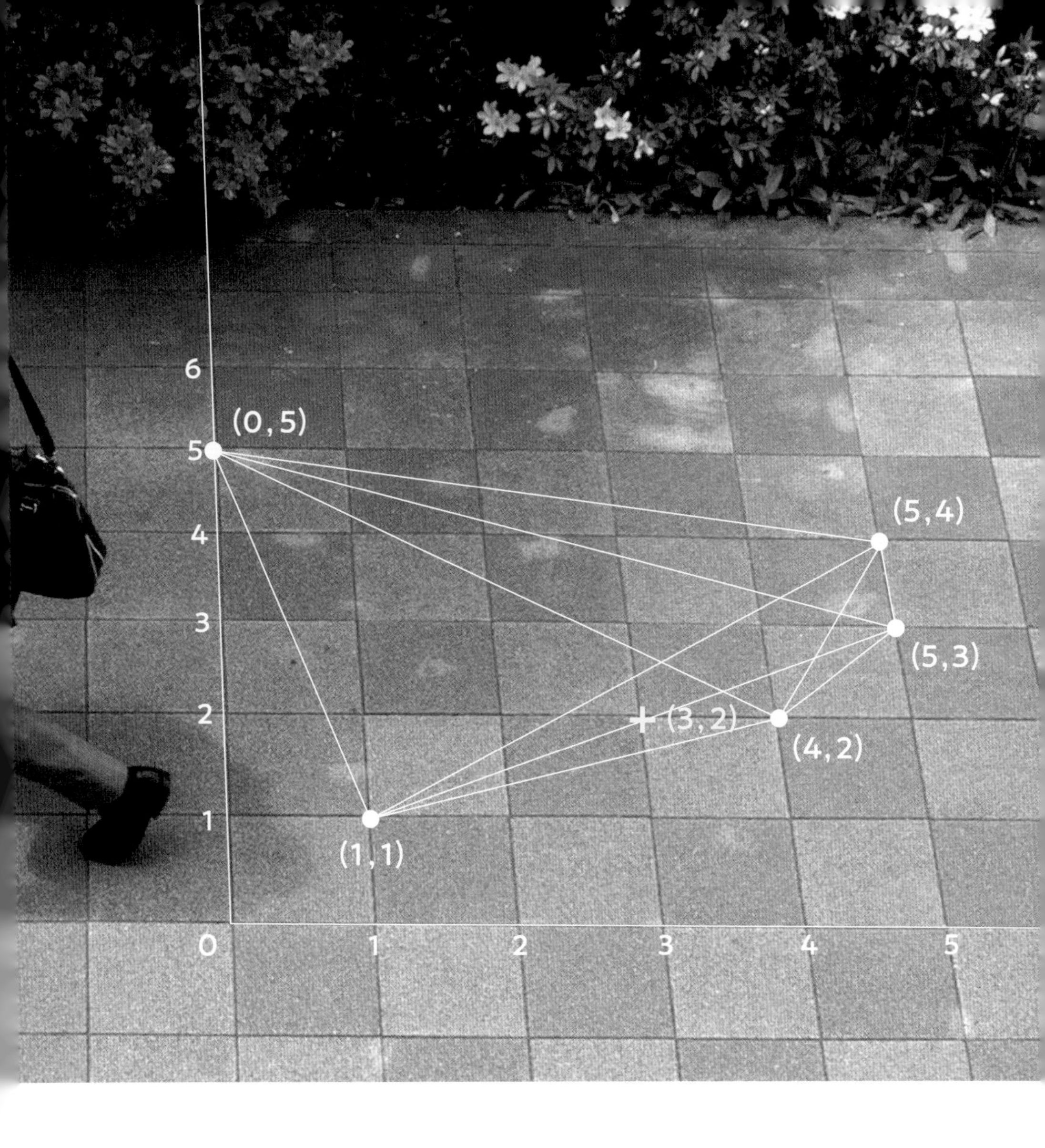

このとき、a と c、b と d の 偶奇性 がそれぞれ 同じなら、
a+c、b+d はどちらも偶数になります。

偶数はもちろん 2 で 割り切れますから、
中点の座標は（整数, 整数）ということになります。
これはつまり、その中点がタイルの隅にくることを
意味しているのです。

この問題には
鳩の巣原理と偶奇性という
２つの核があったわけです。

最終章（おまけ）

この本は　この問題から始まった

はじまりの問題

問 23　タイルの角度

問 23　タイルの角度

y°
x°+y° は 何度になるか。

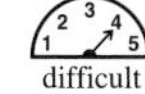
1 2 3 4 5
difficult

考え方

$x° + y°$ を図の中に作る。

たとえば ∠ABC が $x° + y°$ になります。

$y°$
B
$x°$
補助線AC, BCを引くと
△ABCにおいて　AC＝BC
∠C＝90°
∴△ABCは直角二等辺三角形
∴∠ABCは45°
つまり　$x°+y°=45°$

この本はこのようにして生まれた
――――― あとがきにかえて

ここでは、この本が生まれたいきさつを著者３人が銘々の思いを含んだ文章で綴ります。それをあとがきとさせていただくこととし、まずは、前提となる３名の背景について、簡単に説明します。（佐藤雅彦）

慶應義塾大学の湘南藤沢キャンパスに佐藤雅彦研究室が2008年まであった。2009年、私は、その最後の学生の中の数名と共に数学研究会を発足させた。当初は、特に目標があるわけではなく、ただただ面白い問題を見つけ、それを解くだけの研究会であった。隔週の土曜日、私の事務所に集まり、数学漬けの一日を過ごした。そのスタイルは2015年まで続いた。教科書として選んだ『数学のひろば（Mathematical Circles： Russian Experience）』は良書で、読み進めると感動に近い興奮を得ることができ、充実の研究会ではあったが、心のどこかに、目標のなさに対する後ろめたさも我々は感じていた。しかし2015年の４月にある発見が偶然なされ、その後この研究会は、にわかに目標を持つに至った。

焦りの土曜日　　佐藤雅彦

私は、その土曜日の朝、いつになく焦っていた。午後一から、とある研究会が開かれることになっていて、その準備がぜんぜん出来ていなかったのである。その研究会は、私が在籍していた慶應義塾大学の佐藤研究室から派生した研究会で、数学に特化した会であった。2009年から始まって、ほぼ隔週の頻度で築地にある私の事務所の一室に、佐藤研の数学好きな卒業生が集まっていた。その焦りの土曜日は、2015年4月のことである。

なぜ、私は焦っていたのか。実は、恥ずかしながら宿題をやっていなかったからである。こんな齢になって、宿題もないものだが、その研究会では容赦なく全員に対して、それが課されるのである。宿題と言っても、数学の問題を解くのではない。「問題を作る」という宿題なのである。

どんな問題を出したら、みんなに一泡吹かせることができるだろうか。正直、そんな不純な動機も、その日の私にはあった。あと4時間で、みんなは集合する。焦りは益々強まる。研究会の直前に宿題をやる ―― この泥縄式の準備は、その頃、毎回続いていた。1週間の業務から一瞬解放される土曜日の朝、私には、このように別の束縛が生まれていたのである。

藁をもつかみたい状態の自分は、手当たり次第に、数学の問題集やら入試の過去問を探り始めた。何かヒントはないだろうか。その藁の中に、一題、典型的な幾何の角度を問ういかにもな問題があった。特筆すべき数学上の概念などが恐らく含まれていないような問題である。この研究会には数学上の考え方を重視する意思があり、「偶奇性」「鳩の巣原理」「不変量」といった考え方が出てくる度に歓喜の声が上がるという、世の中一般から見るとかなり偏屈な集まりであった。そんな集まりに、こんな中学入試によく見られるような問題は、到底ふさわしくない……。しかし次の瞬間、私は愛用のデジカメ Canon S120 をつかむとトイレに駆け込んだ。そして、撮った写真を、すぐさま、プリンターで出力し、プリントアウトに、定規を使って線を描き込み、文字も書き込んだ（写真 1）。後で調べると、その写真のデータには、「2015 年 4 月 25 日 9:25:44」とある。研究会は午後 1 時からなので、やはり、かなりの泥縄である。

写真 1

撮影したのは、トイレの壁のタイルであった。どこかの中学の入試問題（図 1）を見た時に、なぜか、実写のタイルにこの問題が載っかっていたらどう見えるだろうかと興味を持ったのである。大した発想ではないと感じたが、ともかく宿題を間に合わせることが大事だったので、実行した。その時、タイルに正対した写真もあったが、ちょっとだけ斜めから撮った写真の方がなんとなくいいのではないかと直感し、その写真を使った。もちろん、写真に写ったタイルは正確に言えば正方形ではなく歪んではいるが、あまり気にしないことにした。後で考察すると、そこに重大な鍵が潜んでいた。

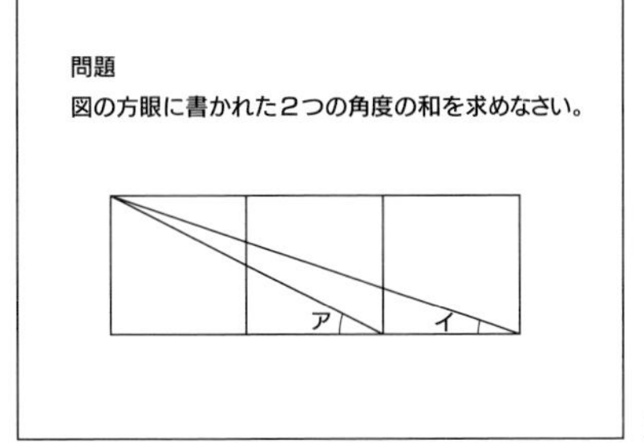

図 1

それから半日経ち、ようやく数学漬けの一日が終わった。みんなが帰った後、ひとり事務所の一室に残り、朝、咄嗟に作り上げた問題と、それをみんなに出した時の反応を反芻した。やっと自分で作った問題とじっくり対峙する時間が生まれたのであった。

「先生、けっこう難しいですね、これ」
「シンプルな問題だけど、すぐには解けない」

こんな声が出たことを思い出した……。いや、ちょっと待てよ。みんなは、問題用紙（写真 1）が配られた瞬間に、すぐ解きだしたぞ。トイレのタイルの歪みなんて気にする人間はいなかった。むしろ、さっと解くモードに入り、夢中になっていたことが印象深かった。

私は、この写真を使った問題と元の入試問題を並べ、比べ始めた（写真 1 と図 1）。問題の本質は、同じである。そして、図形としては、元の問題の方が正確である。なぜなら、写真の方のタイルは遠近があり、図形的には歪みが生まれている。しかし、そんな歪みなんて、ものともせず、この問題の意味を簡単に読み取る我々人間がいたことも確かであった。さらに、自分の気持ちを丁寧に内省すると、歪みが含まれている写真の方が、この問題を読み取りたくなっていたのである。この「読み取りたくなった」という心理作用はどこから来るのだろうか。恣意的な疑問かもしれないが、私の内に探求が始まっていた。

人間の重要な認知能力のひとつに「知覚の恒常性」がある。同じ対象物であっても、見る方向や距離や照明などの状況が異なれば、その見え方（＝網膜に映る像）は変化する。しかし、人間は、その変化した像から、対象物が恒常的に持っている元々の形や色を知覚できる。これが知覚の恒常性と呼ばれるものである。私が突発的に取った行動、つまりトイレのタイルを撮影し、そこに映っている歪んだ図形に乱暴に線や文字を書き入れたことは、問題を解く者に、結果的に、この知覚の恒常性を起動させることになったのであった。つまり、与えられた問題を、無意識に、一旦自分の内に取り込み、自分で歪みを補正して、自分に提示していたことになる。現実のタイルの写真を見て、自分の内に新たに理想的な正方形の方眼を作り、そこに数学の問題を転写していたのである。少々飛躍した言い方になるかも知れないが、「問題を自分事にした」のである。

私は長い間、数学を教える手法を研究し、そして開発してきた。『日常にひそむ数理曲線 DVD-book』、『ピタゴラスイッチ』という幼児教育番組のスピンアウトである『数ピタ！』という特番、『目で見る算数』という教室で使う映像教材などがその成果である。ただ、どれもメディアとしては動画を使った手法である。なぜ、書籍つまり文字中心のメディアで、数学を扱ってこなかったか。いや、扱えなかったのか。この歪んだタイルの写真で問題を作った時に、その理由がはっきりしたのであった。

数学の文章は、概して、問題自体、何を言ってるのか分からない。
数学の文章は、概して、義務的な気持ちにさせる。

この2つの難題が、数学教育には、ずっと横たわっていて、学ぶ者たちの行く手を阻んでいた。数学の面白さを知る前に、壁があったのである。しかも、「問題の意味が分からない」とは、声に出して言い出しにくい。そして、さらに、義務とはかけ離れて「この数学の問題、解かせて解かせて！」という世界があることは、ほとんど想像もされてこなかった。でも、このトイレのタイルの問題は、教えてくれたのだった。現実の世界に数学の問題がデザインされると ――

ひと目で問題の意味が分かる。
ひと目で問題を解きたくなる。

かくして、2009年に研究会が始まって6年目にして、私たちは、目指す方向を見つけたのであった。それから、さらに6年後の2021年に、この本は完成する。

この長い道のりを共に歩んできた大島遼さんと廣瀬隼也さんは、慶應義塾大学の佐藤研の最後の研究生である。数学に特化した入研試験を2人とも満点で突破し、私の許に来てくれた。もう15年も前のことだ。ここ数年は、2人がリードして、このプロジェクトが進んできたと言っても過言ではない。大島さん、廣瀬さん、ようやく形になりました。膨大な時間、種々の数学の概念の中で、3人一緒に、もがいてきました。そのもがきは、こんな凛とした姿で、私たちのいるこの世界に生まれてきてくれた。2人の誠意と、純粋さに感謝したい。
そして、このような具体的な形になったのは、岩波書店の濱門麻美子さんの力が大きい。濱門さんは、編集者という枠を超え、もう十年近く、この研究会のメンバーとして、問題を提示してくれ、共に頭をかかえながら解いてきた同志である。この本は、濱門さんのずっと愛される本を作りたいという強い意思がなかったら、生まれなかったと思う。長い期間の併走だったが、いつも安定して、私たち3人を見てくれていて、とても有り難く感じていた。さらに、数学の本でありながら、かわいらしいと言ってもいいほどの装幀は、貝塚智子さんによるものである。貝塚さんのデザイン・レイアウトは見ての通り、とても清潔で、手に取るのが嬉しくなる意匠である。貝塚さんも装幀者の枠を超えて、問題を解いてくれ、全体の構成にも参加してくれた。おかげで、多くの読者にとって、親しみやすい本になったと思う。心から感謝したい。貝塚さんは、慶應義塾大学の佐藤研の最初の研究生で、私は、最初と最後の佐藤研に挟まれて、本当に幸せであった。
この本により、多くの方が数学の真の面白さを知ることができ、そのことによって、より豊かで楽しい時間を過ごせたなら、作者にとって、こんな嬉しいことはない。

コップが数学をつなぐとき　　廣瀬隼也

今、自分の手元には、この本に載せる候補となったいくつもの問題が、束になって置かれている。我々が良問として見定めたそれらの問題は、写真はおろか図もなく、文字だけで書かれた状態で並んでいる。
この本を生んだ研究会では毎回新しい問題を作り、持ち寄るのだが、問題を作るというのは、問題を解くよりも数段難しい。どのような数学上の考え方を内包したいのか、問題として不備はないか、心が動くような構成になっているか……等、考慮すべきことがらが多岐にわたる。そんな問題作成に煮詰まってきたとき、先ほどの束を見直して、自分たちはなぜ、これらの問題が面白いと思ったのか、考え直すようにしていた。
その時、理由の一つとして必ず浮かぶのが、「現実の物を介して問題を捉えることで、数学が身近な形で現れるのが面白い」ことであった。問題を理解したり、解こうとするときに、自分の頭の中に生まれるコップや白い枠、歩道のタイル……そういった現実にある物が、突如数学との橋渡しとして生き生きと動き出し、これらを介することで、数学的な操作を要する問題が具体的なイメージの操作として考えられるようになるのが、自分にはとても楽しく、愛おしいものに感じられたのである。
この本の目指す姿が決まり、一つ一つの問題を作り上げるよりもずっと前から、東京は築地で数学の研究会が行われていた。そこではじめから問題を作り続けていたわけではなく、毎回1人が面白い問題を見つけてきては、全員で解くということをひたすら続けていたのである。そこにはいつも、試行錯誤しつつ答えに近づいたときの喜びや、新しい考え方を知ることで視野が広がったときの楽しさが満ちていた。この『解きたくなる数学』は、その時の夢中になっていた時間を、なんとか現実のコップや歩道のタイルなどの力を借りて、書籍というメディアを通して生み出そうと試みたものである。我々が夢中になっていたあの時間を、この本を媒介にして体験していただけたなら、この上ない喜びである。

いかにして問題をデザインするか
――「うまく考える」の体験設計

大島遼

12年前、この研究会が始まったときには、想像もしていなかった本ができあがった。

この本『解きたくなる数学』では、読者がひと目で問題の意味を把握できるようにすること、さらにはひと目で問題を解きたいと思えるようにすること、この2つを目標として数学の問題と解説の表現方法を模索している。

もとになる数学の問題自体は、特徴となる数学的な概念が含まれているか、その数学的な概念の面白さが感じられるかを基準に選んだ。そして、選抜した問題を改題し続けた。

改題における表現の力点は、読んでいる人が見開きページに描かれた情報を頭の中で再構成しやすいこと、特に問題の抽象化をうまく起こせるようにすることに置いた。そのため被写体には、はかりとナット、紙コップやサイコロなど、誰もが想像の中で手に取って扱えるくらい具体的な、日常にありふれたものが多く選ばれている。同様の理由から、構図や照明に関しても過度にグラフィカルな構成は避けている。また、すべての図版と文章の判断はそれ単体ではなく、レイアウトした状態で行った。問題を把握したり、解説を理解する上で、適切な順序・速度で提示されるように図版・文章・レイアウトを調整していった。

この本の一つ一つの問題は、数学的な道具の導入になっている。

踏み台を使うと高い跳び箱が跳べるように、数学的な道具をうまく使うと、一見手のつけようがない問題が、にわかに解(ほど)けていく。静かな高揚を伴うこの感覚が、我々が数学研究会で問題を解くことに熱中した理由であり、読者のみなさんにも、ぜひ味わってほしい。このような行為が実行できる状態は「頭がいい」というよりは、「うまく考えられる」と呼ぶのが適切だろう。「考える」は一種の運動で、身につけるものだからこそ、トレーニングが可能だ。解説を見る前にぜひ、紙とペンを用意して、集中して問題を解く時間を持ってもらえればと思う。それぞれの解説は、模範演技の一つと思ってもらえればよい。別の解法も大歓迎である。問題の面白さは保証する。

この本の問題と解説を通して、「うまく考える」体験を味わい、数学って面白いな、と思ってもらえれば嬉しいです。

参考文献
『作って試して納得数学（第1集）』
秋山仁（監修）　数研出版　1999年

『ロジカルな思考を育てる数学問題集（上・下）』
セルゲイ・ドリチェンコ／坂井公（訳）　岩波書店　2014年

『やわらかな思考を育てる数学問題集（全3冊）』
ドミトリ・フォミーンほか／志賀浩二、田中紀子（訳）
佐藤雅彦（解説）　岩波現代文庫　2012年

『ピジョンの誘惑』
根上生也　日本評論社　2015年

『頭がよくなる　算数マジック＆パズル』
庄司タカヒト／はやふみ（監修）　中公新書ラクレ　2013年

『とっておきの数学パズル』
ピーター・ウィンクラー／坂井公ほか（訳）　日本評論社　2011年

『続マーチン・ガードナー・マジックの全て』
マーチン・ガードナー／壽里竜（訳）　東京堂出版　2002年

装幀・本文デザイン　貝塚智子［ユーフラテス］

撮　　影　大島遼
貝塚智子（ナットとはかり／大中小のチョコレート）
佐藤雅彦（波止場／松屋銀座デパート食品売り場／洗面所のタイル）

美　　術　大島遼（波止場の杭のモデル／十字路／ハノイの塔）
古別府泰子（大中小のチョコレート／6個の枠）　貝塚智子（大中小のチョコレート）

イラスト　佐藤雅彦＋貝塚智子

出　　演　貝塚智子（表紙／ナットは全部で何個あるか／大中小のチョコレート／
7枚のオセロ／コインとりゲーム）
大橋耕　ボールディング ライラ　林なずな　加藤寿太郎　仲京子
竹中晄太　山本朗生（6人の子供と6個の枠）
山本晃士ロバート（5つの紙コップ）
佐藤雅彦（4つの道具）

協　　力　高橋ヒロキ　石澤太祥（7枚のオセロ／サイコロの回転）

撮影協力　公益財団法人 早稲田奉仕園（6人の子供と6個の枠）

図版出典　すしぱく／ぱくたそ（www.pakutaso.com）（黒板の0と1）
日本経済新聞電子版2018年1月22日（東京の人口と髪の毛）
「鳩の巣原理とは」（東京の人口と髪の毛）
BenFrantzDale, Igor523による“Pigeons-in-holes.jpg”（https://commons.wikimedia.org/wiki/File:Pigeons-in-holes.jpg）を
貝塚智子が改変して制作。この画像は、クリエイティブ・コモンズ表示 - 継承3.0非移植（CC BY-SA 3.0）の下に
提供されています。
国土地理院ウェブサイト（www.gsi.go.jp）（横浜中華街）
Image Source/gettyimages（ジョンとメアリの背くらべ）

佐藤雅彦

1954年静岡県生まれ．東京大学教育学部卒．1999年より慶應義塾大学環境情報学部教授．2006年より，東京藝術大学大学院映像研究科教授．2021年より，東京藝術大学名誉教授．
著書に『経済ってそういうことだったのか会議』(共著，日本経済新聞社)，『新しい分かり方』(中央公論新社)ほか多数．また，ゲームソフト『I.Q』(ソニー・コンピュータエンタテインメント)や慶應義塾大学佐藤雅彦研究室の時代から手がけるNHK教育テレビ『ピタゴラスイッチ』『考えるカラス』『テキシコー』など，分野を超えた独自の活動を続けている．
『日常にひそむ数理曲線』(小学館)で2011年度日本数学会出版賞受賞．2011年度芸術選奨文部科学大臣賞受賞．2013年紫綬褒章受章．2014年，2018年，カンヌ国際映画祭短編部門に正式招待された．

大島 遼

1986年生まれ．慶應義塾大学大学院政策・メディア研究科修士課程修了．学部在学中，佐藤雅彦研究室に所属し「ピタゴラ装置」の制作など，表現研究を行う．卒業後はプログラマー・インタラクションデザイナーとして活動．2014年「指を置く」展の実験装置制作．独立行政法人情報処理推進機構2011年度未踏IT人材発掘・育成事業にて未踏スーパークリエータ認定．2012年D&AD賞．

廣瀬隼也

1987年神奈川県生まれ．2012年慶應義塾大学大学院政策・メディア研究科修士課程修了．学部在学中，佐藤雅彦研究室に所属し「ピタゴラ装置」の制作など，表現研究を行う．現在はプログラマー．2012年D&AD賞．

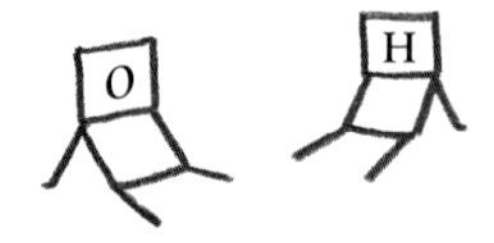

解きたくなる数学

2021年9月28日 第1刷発行
2023年3月6日 第8刷発行

著 者 佐藤雅彦（さとうまさひこ） 大島 遼（おおしまりょう） 廣瀬隼也（ひろせじゅんや）

発行者 坂本政謙

発行所 株式会社 岩波書店
〒101-8002 東京都千代田区一ツ橋2-5-5
電話案内 03-5210-4000
https://www.iwanami.co.jp/

印刷・精興社 製本・牧製本

ISBN 978-4-00-006339-5 Printed in Japan